Ueber Urethane und Derivate derselben.

Inaugural-Dissertation

zur

Erlangung der Doctorwürde

der

hohen philosophischen Facultät

der

Kgl. bayer. Ludwig-Maximilians-Universität zu München

vorgelegt von

Frankland Dent M. Sc., F. I. C.

aus Leeds.

München

Druck von Val. Höfling, Kapellenstrasse Nr. 3

1898.

Meiner Mutter

in Liebe und Dankbarkeit gewidmet.

Es sei mir auch an dieser Stelle gestattet, Herrn Professor Dr. Joh. Thiele, auf dessen Veranlassung und unter dessen liebenswürdiger Leitung nachstehende Arbeit ausgeführt wurde, sowie meinem hochverehrten Lehrer, Herrn Geheimrath Prof. Dr. A. v. Baeyer, meinen verbindlichsten Dank auszusprechen.

Inhalt.

Theoretischer Theil.

Vor einiger Zeit haben Thiele und Lachman[1]) gezeigt, dass Nitrosourethan mit Wasser oder verdünnten Säuren leicht gespalten wird, mit letzteren sogar beträchtlich unter 0°. Sie stellten fest, dass diese Spaltung eine äusserst merkwürdige ist und quantitativ nach folgender Gleichung stattfindet:

$$2CO\langle\begin{matrix}NHNO\\OC_2H_5\end{matrix} = 2CO_2 + 2N_2 + C_2H_5OH + C_2H_4 + H_2O.$$

Infolgedessen lag der Gedanke nahe, andere Nitrosocarbamate darzustellen, um durch eine ähnliche Zersetzung womöglich den Verlauf dieser eigenthümlichen Spaltung zu bestimmen und zu ermitteln, wie weit dieselbe eine allgemeine ist.

Ein besonderes Interesse schien zunächst der Nitrosocarbaminsäuremethylester zu bieten, da derselbe möglicherweise durch eine Spaltung analog derjenigen des Nitrosourethans zur Bildung des lang gesuchten Methylens führen konnte.

Die Darstellung des Methylens hat in letzter Zeit einen gewaltigen Antrieb erfahren, vor allem durch die Untersuchungen Nefs[2]) über das zweiwerthige Kohlenstoffatom, der bewiesen hat, dass das Kohlenstoffatom in der Cyangruppe der Isonitrile, sowie in der Blausäure zweiwerthig ist.[3])

Viele verschiedene Methoden sind zur Darstellung des Methylens versucht worden. So versuchte Dumas[4]), dasselbe darzustellen, indem er mittelst Phosphorpentoxyd dem Methylalkohol die Elemente

---

1) Annalen **288**, 306.

2) Annalen **270**, 267; **280**, 291; **287**, 265.

3) Als die letzte Arbeit von Nef (Annalen **298**, 202) erschien, lag das Manuskript dieser Arbeit schon fertig vor. Die Versuche, welche dieser Arbeit zu Grunde liegen, waren schon vor längerer Zeit abgeschlossen.

4) Ann. de chim. et de phys. **58**, 28.

des Wassers entzog. Perrot[1]) unternahm es, Salzsäure aus Methylchlorid abzuspalten, indem er letzteres durch ein glühend heisses Porzellanrohr leitete. Regnault[2]) liess concentrirte Schwefelsäure auf Methylalkohol, Butlerow[3]) verschiedene Metalle auf Methylenjodid wirken. In jüngster Zeit versuchte Sudborough[4]), Methylen darzustellen, indem er Methylenjodid in der Hitze zersetzte, ferner dadurch, dass er Silberpulver auf dasselbe wirken liess. In keinem einzigen Fall wurde zwar Methylen als solches erhalten, doch beweist die bei den obigen Processen meistens beobachtete Bildung von Aethylen, dass Methylen unzweifelhaft zuerst gebildet wurde, indem infolge der hohen Temperaturen, die bei der Reaction angewandt oder durch dieselbe erzeugt wurden, zwei Moleküle Methylen zu Aethylen zusammentraten.

Da jedoch die vorhin erwähnte Spaltung des Nitrosourethans bei sehr niedrigen Temperaturen eintritt, schien es nicht ganz ausgeschlossen, dass der Nitrosocarbaminsäuremethylester durch eine ähnliche Spaltung Methylen liefern könnte, indem dasselbe bei derart niedrigen Temperaturen hätte beständig sein können.

Der dazu nothwendige Nitrocarbaminsäuremethylester

$$CO\langle{}^{NHNO_2}_{OCH_3}$$

wurde analog dem Nitrourethan[5]) dargestellt. Blätter vom Schmelzpunkt 88°. Durch vorsichtige Reduction geht er in den Nitrosocarbaminsäuremethylester

$$CO\langle{}^{NHNO}_{OCH_3}$$

vom Schmelzpunkt 61° über. Dieser ist weniger beständig als das Nitrosourethan. Das Silbersalz desselben explodirt sogar durch Reibung.

In wässeriger Lösung wird derselbe bei gelindem Erwärmen langsam zersetzt und liefert Stickstoff und Kohlensäure als die einzigen gasförmigen Zersetzungsprodukte. Durch 5procentige Schwefel-

1) Annalen **101**, 375.
2) Ann. de chim. et de phys. **71**, 427.
3) Annalen **107**, 110; **111**, 242; **120**, 356.
4) J. Soc. Chem. Ind. **16**, 408.
5) Thiele und Lachman, Annalen **288**, 287.

säure wird er rasch zersetzt, sogar bei —10° ist die Spaltung eine mässig rasche, doch werden ausser Stickstoff und Kohlensäure keine Gase entwickelt. Untersucht man aber in letzterem Falle die Zersetzungsflüssigkeit, so findet man geringe Mengen Methylschwefelsäure. Bei der unter ganz gleichen Umständen angestellten Zersetzung des Nitrosocarbaminsäureäthylesters ist keine Spur von Aethylschwefelsäure nachweisbar. Die Bildung der Methylschwefelsäure kann also nur so erklärt werden, dass primär Methylen sich bildet, welches mit der verdünnten Schwefelsäure auch unter 0° zu Methylschwefelsäure zusammentritt, während in der Aethylreihe das weniger reactionsfähige Aethylen, welches entsteht, als solches entweichen kann. Man erhält aber weit weniger als die berechnete Menge Methylschwefelsäure, offenbar weil der grösste Theil des Methylens mit Wasser zu Methylalkohol zusammentritt.

Da sich Mellithsäure nach den Untersuchungen von V. Meyer nur schwer esterificirt, wurde noch versucht, das Nitrosocarbamat mit dieser Säure zu zersetzen. Um etwa frei gewordenes Methylen auch in dem Fall nicht zu verlieren, dass es von Kalilauge absorbirt würde, wurde das entwickelte Gas nicht über Kalilauge, sondern in einem geeigneten Apparat über Quecksilber aufgefangen. Auch hier zeigte sich schon aus dem Volumen, dass nur Stickstoff und Kohlensäure entstanden waren.

Nitrosocarbaminsäuremethylester wird von verdünnter Salzsäure oder Jodwasserstoffsäure leicht zersetzt, doch wurde dabei keine Bildung von Methylchlorid resp. -jodid beobachtet. Beim Zersetzen mit verdünnter Schwefelsäure in Anwesenheit von Brom wurde kein Methylenbromid erhalten.

Warum in diesen Fällen analog der oben erwähnten Bildung von Methylschwefelsäure keine Additionsprodukte des Methylens mit den Zersetzungsmitteln entstehen, ist schwer zu erklären. Die wahrscheinlichste Erklärung dürfte in der Thatsache zu suchen sein, dass die Schwierigkeit, die Anwesenheit geringer Mengen solcher Substanzen nachzuweisen, sehr gross ist im Vergleich mit der äusserst empfindlichen Probe für Methylschwefelsäure, so dass diese Substanzen leicht der Beobachtung entgehen können, um so mehr, als ich infolge der Schwierigkeit, grössere Mengen dieses leicht zersetzlichen Nitrosocarbamats darzustellen und aufzubewahren, nicht in der Lage war, jemals grössere Mengen als einige Gramm auf einmal zu verwenden.

Thiele und Lachman fanden, dass Nitrosourethan mit Alkalien zersetzt, im Gegensatze zu seiner Spaltung mit verdünnten

Säuren, kein Aethylen liefert. Diese Zersetzung wird durch die Gleichung

$$CO\langle\begin{matrix}NHNO\\OC_2H_5\end{matrix} = CO_2 + N_2 + C_2H_5OH$$

ausgedrückt.

Da jüngst nachgewiesen worden ist, dass Phenylnitrosamin resp. p-Nitrophenylnitrosamin durch Säuren in Diazobenzol resp. p-Nitrodiazobenzol umgewandelt werden, während die letzteren durch die Einwirkung von Alkalien in Nitrosamine zurückverwandelt werden,[1]) so ist es, da diese Reactionen allgemein zu sein scheinen, höchst wahrscheinlich, dass Nitrosourethan durch die Einwirkung von Säuren und die langsamere von Wasser zunächst in Diazourethan umgewandelt wird, welches sich dann sofort wie folgt zersetzt:

$$2CO\langle\begin{matrix}NHNO\\OC_2H_5\end{matrix} \longrightarrow 2CO\langle\begin{matrix}NNOH\\OC_2H_5\end{matrix} = 2CO_2 + 2N_2 + C_2H_5OH + C_2H_4 + H_2O.$$

Mit Alkalien wird das Nitrosamin selbst zersetzt.

Man könnte annehmen, dass das Diazourethan sich in ähnlicher Weise zersetzt wie andere Diazoverbindungen und zunächst Stickstoff und die in freiem Zustande noch nicht dargestellte Aethylkohlensäure liefert, die sich dann in der angeführten eigenthümlichen Weise spalten könnte. Zu Gunsten dieser Auffassung spricht die Thatsache, dass Chlorkohlensäureäthylester, mit Wasser oder verdünnten Säuren gekocht, kleine Mengen Aethylen liefert. Anderseits liefern äthylkohlensaures Kali, Kohlensäureäthylester und Urethan, mit Säuren zersetzt, kein Aethylen.

Nach den Resultaten der Zersetzung des Nitrosocarbaminsäuremethylesters ist es also nicht unwahrscheinlich, dass zuerst Methylen entsteht. Man sollte sonach genau genommen erwarten, dass der Aethylester nicht Aethylen $CH_2 = CH_2$ sondern Acthyliden $CH_3 - CH$, d. h. Methylmethylen liefern würde. Thiele und Lachman bewiesen nur, dass bei der Spaltung von Nitrosourethan mit verdünnten Säuren neben Stickstoff und Kohlensäure ein ungesättigtes Gas von der empirischen Formel C_2H_4 gebildet wird. Es war nun zwar unwahrscheinlich, dass hier Aethyliden vorlag, indessen hätte zuerst vielleicht dieser Körper entstehen und sich sofort in Aethylen umlagern können.

Um festzustellen, ob dies der Fall ist, wurde Nitrosourethan bei niedriger Temperatur und im Dunkeln in Anwesenheit von Brom

---

1) Schraube und Schmidt, Ber. 27, 374 et seq.

mit verdünnter Schwefelsäure zersetzt. Da sich nur reines Aethylenbromid bildete, ist nicht sehr wahrscheinlich, dass bei dieser Reaction primär Aethyliden und nicht Aethylen gebildet wird.

Bamberger[1]) hat gezeigt, dass die Bildung der Diazoverbindungen in zwei Stufen stattfindet, indem zunächst eine Isodiazoverbindung gebildet wird, die sich dann in die Diazoform umlagert. In analoger Weise könnte man erwarten, dass die Einwirkung von salpetriger Säure auf das Urethan selbst zunächst Nitrosourethan liefern müsste, welches in Säurelösung sofort in Diazourethan umgewandelt würde. Letzteres müsste, sogleich zersetzt, sowohl Aethylen wie Stickstoff und Kohlensäure liefern. In der That findet die Einwirkung von salpetriger Säure auf Urethan quantitativ nach folgender Gleichung statt:

$$2CO\begin{matrix}\diagup NH_2 \\ \diagdown OC_2H_5\end{matrix} + 2HONO = 2CO_2 + 2N_2 + C_2H_5OH + C_2H_4 + 3H_2O.$$

Drei andere Urethane[2]) wurden aus n-Propyl-, Isopropyl- und Isobutylalkohol dargestellt und in ähnlicher Weise mit salpetriger Säure zersetzt. Diese Urethane liefern innerhalb der experimentellen Genauigkeitsgrenzen quantitativ aus 2 Molekülen Urethan, 1 Molekül Alkylen und 1 Molekül Alkohol. Vom Gesichtspunkte der Analogie aus, kann man wiederum sagen, dass die Nitrosocarbamate der genannten 3 Alkohole, mit Wasser oder verdünnten Säuren zersetzt, aus 2 Molekülen Nitrosocarbamat quantitativ 1 Molekül Alkylen liefern sollten.

Da sich die Darstellung von Methylen mittels einer Zersetzung des Nitrosocarbaminsäuremethylesters als unmöglich erwies, so wurde versucht, ein substituirtes Methylen darzustellen, was entweder durch Zersetzung eines geeigneten Nitrosocarbamats mit Säuren oder, falls dies unmöglich wäre, durch Zersetzung des Carbamats selbst mit salpetriger Säure bewirkt werden konnte.

1) Ber. 27, 1948.

2) Zu erwähnen ist, dass die Schmelzpunkte aller drei Urethane, die aus dem Chlorkohlensäureester in Benzollösung durch Einleiten von trockenem Ammoniak dargestellt wurden, beträchtlich von denjenigen abwichen, welche von ihren Entdeckern, die in wässeriger Lösung arbeiteten, gefunden wurden. Da jedoch mehrere verschiedene Präparate stets genau die gleichen Werthe ergaben und da die Analysen stimmten, so sind die hier angeführten Zahlen als die richtigen anzusehen. Es wurden stets quantitative Ausbeuten an Urethanen erzielt, und da auch die Trennung des Urethans von dem gleichzeitig gebildeten Chlorammonium sehr einfach ist, so ist diese Methode sehr empfehlenswerth. Näheres im experimentellen Theil.

Es ist jetzt allgemein anerkannt, dass eine ungesättigte Verbindung um so leichter Additionsprodukte bildet, je positiver sie ist. Dies wurde besonders von Nef[1]) zur Erklärung gewisser Reactionen des Natracetessigesters, denen er die Oxycrotonsäureformel beilegte, hervorgehoben. So nimmt er zur Erklärung der Bildung von Alkylacetessigestern, die unzweifelhaft die Ketonsäureformel besitzen, aus Natracetessigester und Alkylhalogen an, dass zuerst eine Anlagerung des letzteren an den ersteren stattfindet, worauf eine Abspaltung von Jodwasserstoffsäure u. s. w. erfolgt.

Während nun, wie Nef bewiesen hat, der stark positive Natracetessigester leicht mit Alkyljodid reagirt, reagiren die weniger positiven Kupfer-, Quecksilber- und Bleisalze schwer, und der noch weniger positive freie Ester gar nicht. Wenn wir also annehmen, dass das Alkyljodid zuerst ein Additionsprodukt mit den Salzen des Acetessigesters bildet, so folgt, dass eine ungesättigte Verbindung um so schwerer Additionsprodukte bildet, je negativer sie ist.

Anderseits haben wir in Kohlenoxyd „CO" ein Molekül, welches so stark negativ ist, dass es sich mit Chlor nur langsam, mit Salzsäure dagegen und selbst mit Jodwasserstoffsäure ganz und gar nicht verbindet.

Dagegen bilden die Isonitrile und in geringerem Grade die Blausäure, die ebenfalls ein zweiwerthiges Kohlenstoffatom enthalten und positiver sind als das Kohlenoxyd, mit der grössten Leichtigkeit Additionsprodukte.[2])

Bekanntlich liefert Benzylchlorid unter der Einwirkung von Natronlauge Benzylalkohol, während p-Nitrobenzylchlorid p-Dinitrostilben liefert. Die wahrscheinlichste Erklärung dieser Reactionen ist die, dass die Natronlauge zunächst beiden Chloriden Salzsäure entzieht und Benzyliden und p-Nitrobenzyliden liefert nach folgenden Gleichungen:

$$C_6H_5CH_2Cl - HCl = C_6H_5CH$$
$$NO_2C_6H_4CH_2Cl - HCl = NO_2C_6H_4CH.$$

Das gebildete Benzyliden vereinigt sich sofort mit Wasser unter Bildung von Benzylalkohol:

$$C_6H_5CH + H_2O = C_6H_5CH_2OH.$$

Das p-Nitrobenzyliden, das infolge der darin vorhandenen Nitrogruppe negativer ist, besitzt nicht die Fähigkeit, sich auf diese Weise

1) Annalen **266**, 52.

2) Nef, loc. cit.

mit Wasser unter Bildung des entsprechenden Alkohols zu vereinigen, und es treten daher zwei Moleküle zusammen unter Bildung von p-Dinitrostilben nach folgender Gleichung:

$$2NO_2C_6H_4CH = NO_2C_6H_4CH{=}CHC_6H_4NO_2.$$

Es ist daher auch begreiflich, dass das äusserst positive Methylen eine sehr starke Neigung zur Bildung von Additionsprodukten besitzen muss.

Es wurden sonach nur solche Urethane gewählt, deren Nitrosoderivate durch eine Spaltung analog derjenigen des Nitrosocarbaminsäuremethylesters negative Substitutionsderivate des Methylens liefern mussten. Die letzteren, weit negativer als das Methylen selbst, mussten weit weniger reactionsfähig sein und konnten vielleicht im freien Zustande erhalten werden.

Carbaminsäurebenzylester war das erste Urethan, welches untersucht wurde. Man könnte erwarten, dass dasselbe, bei sehr niedrigen Temperaturen mit salpetriger Säure zersetzt, vielleicht Phenylmethylen C_6H_5CH, resp. Stilben $C_6H_5CH = CHC_6H_5$ liefern würde. Da das Urethan in Wasser beinahe unlöslich ist, wurde es in Chloroform gelöst und mit einer Lösung von reiner salpetriger Säure in Chloroform zersetzt. Die einzigen Zersetzungsprodukte sind Benzylalkohol, Kohlensäure und Stickstoff. Mit überschüssiger salpetriger Säure wird massenhaft Benzaldehyd gebildet.[1])

Zu erwähnen ist hier, dass die über Kalilauge im Azotometer aufgefangenen gasförmigen Zersetzungsprodukte neben Stickstoff stets geringe und wechselnde Mengen Kohlenoxyd enthielten. Dieses Gas wurde jedoch dadurch gebildet, dass Spuren von Chloroformdampf durch den Kohlensäurestrom mit den gasförmigen Reactionsprodukten in den Azotometer gelangten. Dies wird weiterhin ausführlicher behandelt.

Da Carbaminsäurebenzylester durch kalte concentrirte Schwefelsäure zersetzt wird, war es nicht möglich, das Nitrocarbamat und daraus nach der Methode von Thiele und Lachman[2]) das Nitrosocarbamat zu erhalten. Vielleicht kann man mit Essigsäureanhydrid nach Bamberger[3]) nitriren. Aus dem vorhin Gesagten müssen wir jedoch schliessen, dass der Nitrosocarbaminsäurebenzyl-

---

1) Vgl. Cohen, Journ. Soc. **71**, 1050.
2) Annalen, **288**, 304.
3) Ber. **28**, 399, 535.

ester dieselben Zersetzungsprodukte liefern würde, wie die Einwirkung von salpetriger Säure auf das Carbamat selbst.

Der nächst dargestellte Carbaminsäure-p-nitrobenzylester ist weit beständiger als das nicht nitrirte Carbamat und kann nach der Methode von Thiele und Lachman leicht in conc. Schwefelsäurelösung nitrirt werden. Das Nitrocarbamat ist eine starke Säure und bildet neutrale Salze. Da jedoch die Nitrogruppe im Kern bei der Reduction in complicirter Weise in die Reaction eintritt, war es unmöglich, das Nitrosocarbamat in reinem Zustande zu erhalten und es musste daher die Methode der Einwirkung von salpetriger Säure auf das Carbamat selbst angewandt werden. Durch eine Spaltung, ähnlich derjenigen des Nitrosocarbaminsäuremethylesters würde man vielleicht p-Nitrophenylmethylen $NO_2C_6H_4CH$ resp. p-Dinitrostilben $NO_2C_6H_4CH = CHC_6H_4NO_2$ erhalten. Wie das Benzylcarbamat liefert es nur p-Nitrobenzylalkohol.

Das Carbamat des Glykolsäureäthylesters sollte mit salpetriger Säure durch eine ähnliche Spaltung ein Carboxylsubstitutionsderivat des Methylens liefern:

$$CO\genfrac{}{}{0pt}{}{\diagup NH_2}{\diagdown OCH_2} \quad \longrightarrow \quad CH$$
$$\begin{array}{ccc} \vert & & \vert \\ COO_2H_5 & & COOC_2H_5 \end{array}$$

Der Glykolsäureester reagirt mit Phosgen zur Bildung des Chlorkohlensäureesters nur, wenn die Mischung im zugeschmolzenen Rohr auf ungefähr 65° erhitzt wird. Das Carbamat wird in der gewöhnlichen Weise leicht in Benzollösung aus dem Chlorkohlensäureester dargestellt. Mit salpetriger Säure zersetzt, liefert es keine ungesättigte Verbindung.

Das Carbamat kann leicht nitrirt werden. Das erhaltene Nitrocarbamat bildet schön krystallisirende Metallsalze, doch konnte durch Reduction das Nitrosocarbamat nicht in reinem Zustande erhalten werden.

Es schien sonach, dass die Urethane, welche die Kohlenwasserstoffreste der Fettreihe nicht enthalten, in ihrem Verhalten von den der Fettreihe angehörenden abweichen, wenn sie mit salpetriger Säure zersetzt werden, und dass sie die früher den Urethanen im allgemeinen zugeschriebene gewöhnliche Zersetzung unter Bildung des entsprechenden Alkohols nebst Stickstoff und Kohlensäure erfahren. Es wurde daher versucht, festzustellen, ob die Anwesenheit einer

Carboxylgruppe im Alkoholreste bei dieser Reaction das Entstehen einer ungesättigten Verbindung verhindere.

Da das gewöhnliche Urethan Aethylen liefert, würde man erwarten aus dem Carbamat des Milchsäureäthylesters Acrylsäureester zu erhalten:

$$CO\begin{matrix} \diagup NH_2 \\ \diagdown OCH-CH_3 \\ \quad | \\ \quad COOC_2H_5 \end{matrix} \longrightarrow \begin{matrix} CH = CH_2 \\ | \\ COOC_2H_5 \end{matrix}$$

Man erhält das Carbamat des Milchsäureäthylesters in ähnlicher Weise wie dasjenige des Glykolsäureäthylesters. Beim Behandeln mit salpetriger Säure wird nur Milchsäureester gebildet.

Das Carbamat lässt sich zwar nitriren, aber es gelang nicht, das ohnehin nur in schlechter Ausbeute entstehende Nitrocarbamat nach dem Verfahren von Thiele und Lachman zu einem Nitrosocarbamat zu reduciren.

Eine interessante Frage bildet das Verhalten des Carbamats des Tartronsäureäthylesters mit salpetriger Säure, weil man erwarten würde, ein stark negatives, dicarboxylsubstituirtes Methylen zu erhalten, doch wurden die Versuche, infolge der grossen Schwierigkeiten, welchen zunächst die Darstellung des Chlorocarbonats begegnete, eingestellt.

Da das n-Propyl- und Isopropylcarbamat, mit salpetriger Säure zersetzt, aus 2 Molekülen des Carbamats 1 Molekül Propylen liefern, so könnte man erwarten, dass durch eine analoge Spaltung von Allylcarbamat Allen entstehen würde:

$$CO\begin{matrix} \diagup NH_2 \\ \diagdown OCH_2-CH = CH_2 \end{matrix} \longrightarrow CH_2 = C = CH_2.$$

Thatsächlich liefert Allylcarbamat jedoch, möglicherweise wegen der schwierigen Bildung der Gruppe „C=C=C“, als einziges Zersetzungsprodukt Allylalkohol.

Aus den vorstehenden Resultaten ergibt sich, dass die Bildung von ungesättigten Verbindungen durch Zersetzung von Urethanen mit salpetriger Säure oder, was dasselbe ist, durch Zersetzung von Nitrosourethanen mit Säuren nur bei denjenigen Urethanen eintritt, die einen gesättigten Kohlenwasserstoffrest der Fettreihe enthalten.

Ueber die Einwirkung von wässerigen Alkalien auf Chloroform.

Die Bildung von Kohlenoxyd, die bei gewissen Versuchen beobachtet wurde, in welchen kleine Mengen Chloroformdampf bei gewöhnlicher Temperatur mit wässeriger Kalilauge in Berührung gebracht wurden, reizte vornehmlich deshalb zu weiteren Versuchen, weil es sich dabei um eine Verbindung handelt, die mit einem vierwerthigen Kohlenstoffatom glatt in eine solche übergeht, in welcher das Kohlenstoffatom zweiwerthig ist. Da überdies viele wichtige Reactionen mit Chloroform und Alkalien stattfinden, so konnte die Kenntniss des Verlaufes dieser Zersetzung von Chloroform auch insofern von Werth sein, als sie möglicherweise zu einer befriedigenden Erklärung dieser Reactionen führen würde.

Die für die Zersetzung von Chloroform mit Alkalien gewöhnlich angeführte Gleichung rührt von Dumas[1]) her und lautet:

$$CHCl_3 + 4KOH = 3KCl + H.COOK + 2H_2O.$$

A. Geuther[2]) war der erste, der die Beobachtung machte, dass sich bei der Zersetzung von Chloroform mit alkoholischem oder wässerigem Kali kleine Mengen Kohlenoxyd bilden. Er schreibt: „Diese Zersetzung erscheint nur verständlich, wenn man dem Chloroform die Formel CCl_2HCl beilegt. Es sind dann die folgenden Phasen zu unterscheiden: zunächst trennt sich die Salzsäure von dem dem Kohlenoxyd entsprechenden Chlorkohlenstoff, sodann wird dieser zersetzt und Kohlenoxyd gebildet und dieses wird, sobald es nur Kalihydrattheilchen in genügender Anhäufung vorfindet, vollständig zu Ameisensäure; wenn letzteres aber nicht der Fall ist, so wird es theilweise als Gas entweichen.“

G. André[3]) erhielt durch Erhitzen von Chloroform mit wässerigem Ammoniak bei 200—225° Kohlenoxyd sowohl wie Ammoniumformiat und -chlorid.

Da sich bei gewöhnlicher Temperatur verhältnissmässig beträchtliche Mengen Kohlenoxyd aus einfachen Spuren von Chloroformdampf bildeten[4]), so wurden weitere Versuche angestellt, die ergaben, dass sich Chloroform, in Kalilauge gelöst, rasch zersetzt, obwohl in dieser Weise nur in geringer Menge, indem 100 ccm Wasser bloss 0,64 g

---

1) Ann. de chim. et de phys. **56**, 120.

2) Annalen, **123**, 121.

3) Compt. rend. **102**, 553.

4) Aehnliche Resultate hat A. Desgrez neulich gefunden (Compt. rend. **125**, 780)

Chloroform lösen[1]). Durch Zuhilfenahme eines Witt'schen Centrifugalrührers lässt sich eine rasche Zersetzung von grösseren Mengen Chloroform erzielen, da auf diese Weise die Kalilauge mit Chloroform gesättigt bleibt, bis alles zersetzt ist. Es ergab sich, dass die in Ameisensäure übergeführte Chloroformmenge um so grösser ist, je höher die Temperatur, bei welcher die Zersetzung stattfindet; aber selbst beim Kochen ist die Ueberführung keine vollständige.

Quantitative Bestimmungen der durch abgewogene Mengen Chloroform gelieferten Ameisensäure gaben folgende Resultate[2]):

In Ameisensäure verwandeltes Chloroform	Bei 25°	30°	40°		Beim Kochen
	21,1	25,0	37,2	38,5	66,1 %
Stärke der Natronlauge	18	18	18	36	44 %

Daraus ergibt sich, dass bei 25° fast 80 % Chloroform in Kohlenoxyd und nur ungefähr 20 % in Ameisensäure umgewandelt werden, und dass die in Ameisensäure übergeführte Chloroformmenge mit der Temperatur zunimmt.

Die obigen Zahlen könnten auf den ersten Blick leicht zu der Vermuthung führen, dass bei der Zersetzung von Chloroform zwei Reactionen neben einander stattfinden, nämlich:

$$\text{I} \quad CHCl_3 + 4KOH = 3KCl + H.COOK + 2H_2O$$
$$\text{II} \quad CHCl_3 + 3KOH = 3KCl + CO + 2H_2O$$

und dass die Zersetzung sich um so mehr im Sinne der Gleichung I vollzieht, je höher die Temperatur ist.

Berthelot[3]) hat jedoch gefunden, dass Ameisensäure durch das Einwirken von Kohlenoxyd auf wässeriges Aetzkali gebildet wird. Er stellte fest, dass die Reaction um so leichter vor sich geht, je höher die Temperatur ist, und bei gewöhnlicher Temperatur sehr langsam verläuft.

Es ist demnach anzunehmen, dass sämmtliches Chloroform zunächst in Kohlenoxyd umgewandelt wird, welch' letzteres sodann theilweise mit dem vorhandenen Aetzkali zu ameisensaurem Kali zusammentritt, während der Rest als Gas entweicht.

Aus den Untersuchungen von L. de Saint Martin[4]) geht hervor, dass ausser Kohlenoxyd und Ameisensäure keine Produkte

1) Berthelot, Compt. rend. **106**, 492.

2) Die hier angegebenen Zahlen dürfen wegen der Schwierigkeiten, mit welchen diese Bestimmungen verbunden waren, nur als annähernd genau angesehen werden.

3) Compt. rend. **41**, 955.

4) Compt. rend. **106**, 492.

gebildet werden. Nach demselben Forscher verläuft die Zersetzung, abgesehen von einem geringen Verluste von 0,9 %, quantitativ nach der Dumas'schen Gleichung, wenn eine abgewogene Menge Chloroform im zugeschmolzenen Rohr mit alkoholischem Kali bei verschiedenen Temperaturen zersetzt wird. Da das anfänglich ohne Zweifel in geringen Mengen gebildete Kohlenoxyd im Rohr eingeschlossen und am Entweichen verhindert war, müsste eine langsame Verbindung desselben mit dem alkoholischen Kali stattfinden.

Was zunächst die Bildung des Kohlenoxyds betrifft, so ist die einzig mögliche Annahme die von Geuther. Die Gleichungen lauten:

$$\begin{array}{lllll} \text{I} & CHCl_3 & + KOH & = CCl_2 + KCl & + H_2O \\ \text{II} & CCl_2 & + 2KOH & = CO + 2KCl & + H_2O \\ \text{III} & CO & + KOH \text{ theilweise} & = H.COOK. & \end{array}$$

Die letzte Gleichung hängt ab von der Temperatur und dem Grade der Concentration.

Die Leichtigkeit, mit welcher ein Molekül Salzsäure sich vom Chloroform trennt, ist nicht auffallend, wenn man den stark negativen Charakter der CCl_2-Gruppe, die in dieser Hinsicht sich mit Kohlenoxyd vergleichen lässt, in Betracht zieht. Formylchloridoxim[1]) zeigt eine ähnliche Neigung Salzsäure abzuspalten. Formylchlorid ist bis jetzt noch nicht dargestellt worden. Versuche, die angestellt worden sind, ergaben nur die Zersetzungsprodukte desselben, Kohlenoxyd und Salzsäure.

Um die zwischen diesen drei Spaltungen bestehende Analogie deutlicher hervortreten zu lassen, werden dieselben hier nebeneinander dargestellt:

$$Cl_2 = C\left\langle\begin{matrix} H \\ Cl \end{matrix}\right. \qquad HON = C\left\langle\begin{matrix} H \\ Cl \end{matrix}\right. \qquad O = C\left\langle\begin{matrix} H \\ Cl \end{matrix}\right.$$

Zieht man diese Neigung des Chloroforms, Salzsäure abzuspalten, in Betracht, so bietet sich eine befriedigende Erklärung für die Bildung von Phosgen und Salzsäure aus Chloroform, wenn letzteres der Luft und dem Sonnenlichte ausgesetzt wird. Diese Reaction vollzieht sich höchst wahrscheinlich nach den Gleichungen:

$$\begin{array}{ll} \text{I} & CHCl_3 = CCl_2 + HCl \\ \text{II} & CCl_2 + O = COCl_2 \end{array}$$

1) Nef, Annalen, **280**, 311.

Ebenso hängt die beinahe quantitative Zersetzung von Chloroform unter der Einwirkung von concentrirter Schwefelsäure und Kaliumdichromat nach der Gleichung[1]):

$$2CHCl_3 + 3O = 2COCl_2 + H_2O + Cl_2$$

offenbar mit einer der obigen ähnlichen Zersetzung und der Oxydation der gebildeten Salzsäure zusammen.

Dafür, dass ein solches ungesättigtes Zwischenprodukt wirklich gebildet wird, spricht auch die Thatsache, dass Chloroform Fehling'sche Lösung quantitativ reducirt ($CHCl_3 = 2CuO$), während Ameisensäure unter den gleichen Umständen nicht reagirt[2]).

Eine weit festere Stütze aber erhält diese Auffassung noch durch die Thatsache, dass diejenigen Verbindungen, welche ein zweiwerthiges Kohlenstoffatom enthalten, nämlich die Isonitrile, Blausäure, Kohlenoxyd und Kohlensulfür (?), am leichtesten durch Reactionen erzielt werden, in denen das Chloroform und die Alkalien die Hauptrolle spielen.

Nef[3]) hat gezeigt, dass das Kohlenstoffatom der Cyangruppe in den Isonitrilen zweiwerthig ist. Die Bildung aus primären Aminen, Chloroform und Kalilauge kann der Einwirkung von CCl_2 auf das Amin in Gegenwart von Aetzkali zugeschrieben werden:

$$\text{I} \quad CHCl_3 + KOH = CCl_2 + KCl + H_2O$$

$$\text{II} \quad RN\boxed{H_2 + Cl_2}C + 2KOH = RNC + 2KCl + 2H_2O.$$

Dies ist äusserst wahrscheinlich, da Chloroform mit Dikaliumanilin in der Kälte sehr energisch reagirt nach der Gleichung (Nef):

$$C_6H_5NK_2 + CHCl_3 = C_6H_5NC + 2KCl + HCl$$

Nef[4]) hat bewiesen, dass nicht ein Imidchlorid

$$C_6H_5NC\begin{cases}H\\Cl\end{cases}$$

sondern dessen Spaltungsprodukte Phenylisonitril und Salzsäure gebildet werden. Es dürfte sonach die Annahme richtiger sein, dass zuerst die Salzsäure vom Chloroform abgespalten wird, worauf der CCl_2-Rest mit dem Dikaliumanilin wie folgt reagirt:

---

1) Emmerling und Lengyel, Annalen, Sup VII, 101.

2) Baudrimont, Ztschr. Chem. **1869**, 728.

3) Annalen **270**, 267; **280**, 291; **287**, 265.

4) Annalen, **270**, 307.

$$C_6H_5N\boxed{K_2 + Cl_2}C = C_6H_5NC + 2KCl.$$

Ebenso leicht reagirt Chloroform bei gewöhnlicher Temperatur mit wässerigem Ammoniak in Gegenwart von Aetzkali[1]). Da Nef[2]) gezeigt hat, dass das Kohlenstoffatom in der Blausäure höchst wahrscheinlich zweiwerthig ist, kann die Reaction wie folgt dargestellt werden.

$$HN\boxed{H_2 + Cl_2}C + 2KOH = HNC + 2KCl + 2H_2O.$$

Nef[3]) erklärt Hofmanns Reaction zur Darstellung der Isonitrile in folgender Weise: „Das Anilin bildet zunächst mit dem vorhandenen Aetzkali ein Mono- und Dikaliumsalz:

$$C_6H_5NHK \text{ und } C_6H_5NK_2,$$

welche mit dem Chloroform zunächst die Amid- und Imidchloride

$$C_6H_5NHC\begin{matrix}\diagup Cl_2\\ \diagdown H\end{matrix} \quad \text{und} \quad C_6H_5NC\begin{matrix}\diagup Cl\\ \diagdown H\end{matrix}$$

bilden, aus welchen durch vorhandenes Aetzkali das Isonitril und Kaliumchlorid entstehen."

Da die Bildung der Blausäure derjenigen der Isonitrile analog ist, so könnte die Bildung der Blausäure ebensogut durch die Annahme erklärt werden, dass das Aetzkali auf Ammoniak wirkt und NH_2K und NHK_2 bildet u. s. f. Dies ist jedoch im höchsten Grade unwahrscheinlich, da die Kaliumaniline und das Kaliumamid mit Wasser im entgegengesetzten Sinne reagiren und Kalihydrat und Anilin resp. Ammoniak liefern.

Es ist daher die Bildung der Isonitrile und der Blausäure wei wahrscheinlicher der Zwischenbildung dieses Dichlorkohlenstoffes „CCl_2" zuzuschreiben.

Die im höchsten Grade wahrscheinliche Bildung von Kohlensulfür „CS"[4]), durch Einwirkung von Chloroform auf Natriumsulfid kann in ähnlicher Weise wie folgt dargestellt werden:

$$C\boxed{Cl_2 + Na_2}S = CS + 2NaCl.$$

1) Hofmann, Annalen, **144**, 114.
2) Annalen, **287**, 325.
3) Annalen, **270**, 308.
4) Denninger, J. pr. **51**, 347.

Die Bildung von Kohlensulfür ist also ganz analog derjenigen von Kohlenoxyd.

Die Bildung von β-Chlorpyridin[1]) durch Einwirkung von Chloroform und Natronlauge auf Pyrrol, lässt sich durch die Annahme erklären, dass ein directer Hinzutritt des Restes „CCl_2" zum Molekül und sodann eine Abspaltung von Salzsäure stattfindet, wie es die folgenden Formeln darstellen:

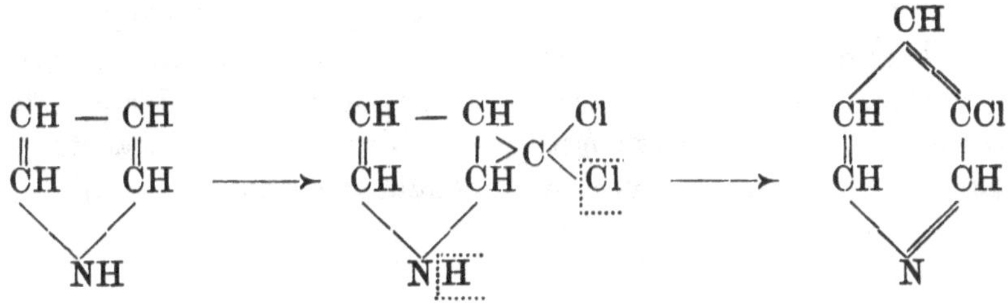

Die einzige wahrscheinlich richtige Erklärung von Reimer und Tiemanns Reaction, die ich finden konnte, ist diejenige von Heiber[2]), welcher annimmt, dass die Reaction in zwei Stufen wie folgt stattfindet:

$$\text{I} \quad C_6H_5OK + CHCl_3 + KOH = C_6H_4\langle{}^{CHCl_2}_{OK} + KCl + H_2O$$

$$\text{II} \quad C_6H_4\langle{}^{CHCl_2}_{OK} + 2KOH = C_6H_4\langle{}^{COH}_{OK} + 2KCl + H_2O$$

Auf den ersten Blick erschien es jedoch möglich, dass die Reaction der intermediären Bildung von CCl_2 resp. CO zugeschrieben werden könnte, welche durch die Einwirkung des Alkalis auf das Chloroform entstehen. Geuther[3]) und Schröder[4]) haben jedoch gezeigt, dass die alkalischen Phenate unter der Einwirkung von Kohlenoxyd keine Oxyaldehyde liefern. Reimer und Tiemanns Reaction lässt sich jedoch so erklären, dass der zuerst gebildete CCl_2-Rest sich an den Benzolkern anlagert, worauf die so erhaltene Verbindung durch den vorhandenen Alkaliüberschuss zersetzt wird und einen Oxyaldehyd liefert. So kann in der Bildung von Salicylaldehyd die Reaction wie folgt dargestellt werden:

---

1) Ciamician und Silber, Ber. **18**, 721.
2) Ber. **24**, 3677.
3) Annalen, **202**, 319.
4) Annalen, **221**, 34.

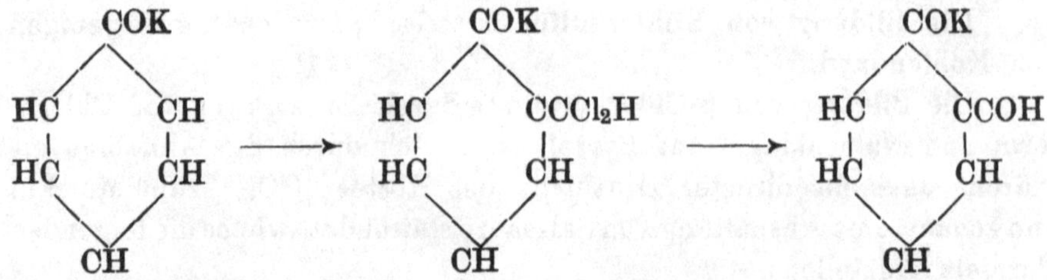

Die Bildung von Salicylaldehyd und p-Oxybenzaldehyd findet schon bei gewöhnlicher Temperatur statt, wenn die Mischung mittels einer Turbine gut verrührt wird. Die Ausbeuten sind jedoch nicht grösser als die durch Kochen erzielten. Ganz ähnliche Betrachtungen hat auch Nef in seiner neuesten Abhandlung angestellt (l. c.).

Experimenteller Theil.

1. Nitrocarbaminsäuremethylester.

$NO_2 . NHCOOCH_3$.

Die Darstellung geschieht durch Nitriren des Methylcarbamats[1]) mit Aethylnitrat und Schwefelsäure wie beim Nitrourethan[2]). (Auf 30 g Carbamat 150 g Schwefelsäure und 40 g Aethylnitrat. Reactionstemperatur -5^0 bis -9^0. Ausbeute 26 bis 30 g Ammoniaksalz.) Nach dem Sättigen der Aetherlösung des rohen Nitrocarbamats mit Ammoniak muss sofort filtrirt werden, weil sonst Methylcarbamat in erheblicher Menge zurückgebildet wird. Aus dem Ammoniaksalz wird das freie Nitramin erhalten, wie beim Nitrourethan beschrieben. Farblose glänzende Tafeln oder auch monokline Prismen vom Schmelzpunkt 88^0, die bei 120 bis 130^0 sich zu zersetzen beginnen und in Eigenschaften und Verhalten vollkommen dem Nitrourethan gleichen. Ammoniak wandelt dasselbe schon in der Kälte allmählich in Methylcarbamat, Anilin beim Erwärmen in Phenylcarbaminsäuremethylester resp. Diphenylharnstoff um.

0,2303 g gaben 0,0716 g H_2O und 0,1683 g CO_2.
0,3324 g gaben 70,2 ccm N bei 10,5^0 und 710 mm Druck.

---

1) Methylcarbamat stellt man am besten durch Einleiten von trockenem Ammoniak in eine Benzol-Lösung von Chlorkohlensäuremethylester dar. Das ausfallende Chlorammonium wird mit Benzol erschöpft (am besten im Extractionsapparat), bei genügender Concentration der Benzollösung krystallisirt reines Methylcarbamat aus. Durch Einwirkung von wässerigem Ammoniak auf den Chlorkohlensäureester erhält man weit geringere Ausbeuten an Carbamat.

2) Thiele und Lachman, Annalen, **288**, 287.

Berechnet für $NO_2NHCO_2CH_3$:	Gefunden:
C 20,00	19,93
H 3,33	3,45
N 23,33	23,55

Salze des Nitrocarbaminsäuremethylesters.

Ammoniaksalz, $NH_3NO_2NHCOOCH_3$.

Dasselbe krystallisirt aus warmem Wasser in farblosen, sehr schwach sauer reagirenden Nadeln, die beim Kochen mit Wasser, schneller noch mit Alkohol, Ammoniak abgeben.

0,3295 g gaben 90,9 ccm Stickstoff bei 15° und 724 mm Druck.

Berechnet für $C_2H_4N_2O_4 . NH_3$:	Gefunden:
N 30,66	30,75

Neben diesem neutralen Salz scheint noch ein saures Salz von der Formel $2NO_2NHCOOCH_3 + NH_3$ zu existiren, wenigstens wurden bei einem anderen einige Zeit aufbewahrten Präparate Zahlen erhalten, welche für diese Formel stimmen.

I 0,2132 g gaben 51,5 ccm N bei 15° und 725 mm Druck.
II 0,2399 g gaben 58,5 ccm N bei 15° und 723 mm Druck.

Berechnet für $2NO_2NHCO_2CH_3 + NH_3$:	Gefunden:	
	I.	II.
N 27,23	26,96	27,15.

Kaliumsalz, $NO_2NKCOOCH_3$.

2 g Ammoniaksalz werden in 20 ccm siedendem Methylalkohol gelöst und mit der berechneten Menge concentrirten methylalkoholischen Kalis versetzt. Das Salz scheidet sich beim Erkalten in sternförmig gruppirten Nadeln aus. In Wasser mit neutraler Reaction leicht löslich, krystallisirt es daraus in grossen dicken Prismen.

0,4731 g gaben 0,2593 g K_2SO_4.

Berechnet für $C_2H_3N_2O_4K$:	Gefunden:
K 24,69	24,57

Quecksilbersalz, $Hg(NO_2NCOOCH_3)_2$.

Dasselbe fällt als krystallinischer Niederschlag beim Vermischen von Nitrocarbaminsäuremethylester mit schwach überschüssigem Mercurinitrat. Sehr leicht löslich in Salzsäure, sehr schwer in Salpetersäure, fast unlöslich in kaltem und wenig in heissem Wasser, aus dem es in kleinen Nädelchen krystallisirt.

0,1849 g gaben 0,0981 g HgS.

Berechnet für $(C_2H_3N_2O_4)_2Hg$:	Gefunden:
Hg 45,66	45,74

Silbersalz, $NO_2NAgCOOCH_3$.

Silbercarbonat wird mit einer concentrirten Lösung des Nitramins erwärmt und das Filtrat vom ungelösten Carbonat im Vacuum verdunstet. Das Salz, welches sich als eine aus winzigen Nädelchen bestehende Kruste abscheidet, wird zuerst im Vacuum, dann bei 70—80° getrocknet. Sehr leicht löslich in Wasser, schwerer in Alkohol, der es beim Kochen rasch zersetzt.

0,2249 g gaben 0,1412 g AgCl.

Berechnet für $C_2H_3N_2O_4Ag$:	Gefunden:
Ag 47,51	47,27

2. Nitrocarbaminsäure-p-nitrobenzylester.

Da sich Benzylurethan $C_6H_5CH_2O.CO.NH_2$ nicht in ein Nitramin umwandeln liess (siehe unten), wurde die Nitrirung des p-Nitrobenzylcarbamats versucht.

Chlorkohlensäure-p-nitrobenzylester.

$Cl.COOCH_2C_6H_4NO_2$.

Chlorkohlenoxyd wirkt in der Kälte nicht auf p-Nitrobenzylalkohol ein, leicht dagegen in der Wärme. 5 g p-Nitrobenzylalkohol werden mit stark überschüssigem Chlorkohlenoxyd und 25 g Chloroform im Einschmelzrohr 4 Stunden auf 60 bis 65° erhitzt. Der Röhreninhalt erstarrt nach Abdestilliren des Chloroforms und Chlorkohlenoxydes bei mehrtägigem Stehen im Vacuum über Olivenöl und Aetznatron. Durch Umkrystallisiren aus Petroläther erhält man den Chlorkohlensäureester in fast farblosen Nadeln vom Schmelzpunkt 32°, die in den meisten organischen Lösungsmitteln leicht, in kaltem Petroläther sehr schwer löslich sind.

0,1736 g gaben 10,2 ccm N bei 13° und 725 mm Druck.

0,1897 g gaben 0,1249 g AgCl.

Berechnet für $ClCO_2CH_2C_6H_4NO_2$:	Gefunden:
N 6,50	6,62
Cl 16,42	16,29

Beim Erhitzen im Reagenzglas zerfällt der Ester glatt in Kohlensäure und p-Nitrobenzylchlorid, welches aus sehr wenig Benzol vom Schmelzpunkt 69—70° (angegeben 71°) erhalten wird.

0,2187 g gaben 0,1814 g AgCl.

Berechnet für $ClCH_2C_6H_4NO_2$:	Gefunden:
Cl 20,64	20,51

p-Nitrobenzylcarbamat.

$NH_2COOCH_2C_6H_4NO_2$.

Chlorkohlensäure-p-nitrobenzylester oder auch das durch Abdestilliren möglichst von Chloroform, Chlorkohlenoxyd und Salzsäure befreite Rohrprodukt der Einwirkung von Carbonylchlorid auf p-Nitrobenzylalkohol, wird in Benzollösung mit Ammoniakgas behandelt. Da das Carbamat in kaltem Benzol und Wasser ziemlich schwer löslich ist, empfiehlt es sich, den das Carbamat und Chlorammonium enthaltenden Niederschlag zu filtriren. Hierauf wäscht man den Niederschlag mit Wasser, bis derselbe vom Chlorammonium frei ist. Das auf dem Filtrirpapier zurückbleibende Carbamat wird dann getrocknet und aus dem heissen Benzolfiltrat krystallisirt. Blassgelbe Blätter vom Schmelzpunkt 154°. Ziemlich schwer löslich in kaltem Alkohol oder Aether, sehr schwer in Ligroïn. Der Ester ist weit beständiger als das nicht nitrirte Benzylurethan (siehe unten), bei 260° tritt noch keine Zersetzung ein, concentrirte Schwefelsäure löst ihn leicht auf, aus dieser Lösung fällt Wasser das unveränderte Urethan.

0,2440 g gaben 0,0914 g H_2O und 0,4388 g CO_2.

0,3504 g gaben 45,2 ccm N bei 17° und 723 mm Druck.

Berechnet für $NH_2CO_2CH_2C_6H_4NO_2$:	Gefunden:
C 48,98	49,05
H 4,08	4,16
N 14,29	14,23

Nitrocarbaminsäure-p-nitrobenzylester.

$NO_2NHCOOCH_2C_6H_4NO_2$.

1 Theil Nitrobenzylcarbamat in 10 Theilen Schwefelsäure gelöst wird bei —10° $^3/_4$ Stunden mit $^1/_2$ Theil Aethylnitrat mit der Turbine verrührt und dann auf 40 Theile Eis gegossen. Es wird ein dicker Niederschlag ausgefällt, der hauptsächlich aus dem unveränderten Carbamat besteht. Setzt man eine grosse Menge Aether hinzu, so steigt der Niederschlag und bleibt suspendirt in der Aetherschicht,

die abgetrennt und durch eine grosse Nutsche filtrirt wird. Die wässerige Lösung wird wiederum drei Mal mit Aether extrahirt, und der Aether jedes Mal auf den Niederschlag geworfen. Der jetzt aus fast reinem unveränderten Carbamat bestehende Niederschlag wird aus Benzol krystallisirt. Man fällt die getrocknete Aetherlösung mit Ammoniak und nach dem Filtriren des Ammoniaksalzes kann eine kleine Menge des Carbamats aus dem Filtrat erhalten werden.

Das aus dem Ammoniaksalz freigemachte Nitrocarbamat krystallisirt aus viel Benzol in sternförmig angeordneten schwachgelb gefärbten Nadeln. Es schmilzt bei 140° unter geringer Zersetzung.

0,1788 g gaben 0,0500 g H_2O und 0,2607 g CO_2.

0,1150 g gaben 18,1 ccm N bei 13,5° und 722 mm Druck.

Berechnet für $C_8H_7N_3O_6$:	Gefunden:
C 39,83	39,76
H 2,90	3,11
N 17,43	17,62

Da das Nitrocarbamat seiner Schwerlöslichkeit halber sehr leicht isolirbar ist, lässt sich am Nitrobenzylnitrocarbamat sehr leicht zeigen, dass die Bildung der Nitrourethane eine umkehrbare Reaction ist, indem conc. Schwefelsäure aus ihnen auch wieder Urethan abspaltet. [1])

Nitrocarbarminsäure-p-nitrobenzylester wurde $1^3/_4$ Stunden lang mit 25 ccm conc. Schwefelsäure behandelt. Aus der auf Eis gegossenen Flüssigkeit wurde das unveränderte Nitrourethan und das rückgebildete Urethan isolirt.

I. 1,33 g Nitrocarbamat lieferten bei —10° 0,30 g unverändertes Nitrocarbamat zurück, neben 0,61 g rückgebildetem Carbamat, entsprechend 0,75 g = 56 % des angewandten Nitramins.

II. 1,18 g Nitrocarbamat lieferten bei 1° neben unverändertem Nitramin 0,60 g Carbamat, entsprechend 0,73 g = 62 % des angewandten Nitramins.

Die Reduction des Nitramins zu einem Nitrosourethan nach dem beim Nitrourethan angewandten Verfahren [2]), lieferte kein günstiges Resultat, da offenbar auch die im Kern befindliche Nitrogruppe in Reaction trat.

---

1) Vgl. Thiele und Lachman, Annalen **288**. Thiele, Annalen **296**, 108.

2) Thiele und Lachman, Annalen **288**, 304.

Salze des Nitrocarbaminsäure-p-nitrobenzylesters.

Ammoniaksalz, $NO_2NNH_4COOCH_2C_6H_4NO_2$.

Es krystallisirt aus wenig warmem Wasser in gelben undeutlichen Tafeln und Nadeln, die in kaltem Wasser ziemlich schwer löslich sind. Schmelzpunkt 153° unter Zersetzung.

0,2127 g gaben 40,1 ccm N bei 8° und 722 mm Druck.

Berechnet für $C_8H_7N_3O_6NH_3$:	Gefunden:
N 21,71	21,62

Kaliumsalz, $NO_2NKCOOCH_2C_6H_4NO_2$.

Dasselbe wurde dargestellt, wie das Kaliumsalz des Nitrocarbaminsäuremethylesters. Schöne, gelbe, zugespitzte Prismen, leicht in Wasser, fast nicht in Methylalkohol löslich.

0,2045 g gaben 0,0632 g K_2SO_4.

Berechnet für $C_8H_6N_3O_6K$:	Gefunden:
K 13,98	13,86

Quecksilbersalz, $Hg(NO_2N.COOCH_2C_6H_4NO_2)_2$.

Weisser Niederschlag, aus dem Nitrocarbamat und Mercurinitrat in heisser wässeriger Lösung bereitet.

0,1909 g gaben 0,0647 g HgS.

Berechnet für $(C_8H_6N_3O_6)_2Hg$:	Gefunden:
Hg 29,41	29,22

Silbersalz, $NO_2NAgCOOCH_2C_6H_4NO_2$.

Dasselbe fällt als weisser Niederschlag beim Versetzen einer warmen Lösung des Nitrocarbamats mit Silbernitrat. Ziemlich schwer löslich in Alkohol und kaltem Wasser, leicht in warmem Wasser und krystallisirt daraus in seidenglänzenden farblosen lichtbeständigen Nadeln.

0,1709 g gaben 0,0526 g Ag.

Berechnet für $C_8H_6N_3O_6Ag$:	Gefunden:
Ag 30,97	30,78

Das Anilinsalz scheidet sich als schwachgelber krystallinischer Niederschlag beim Vermischen der Componenten in Aetherlösung aus. Es krystallisirt aus Benzol in glänzenden monosymmetrischen Tafeln vom Schmelzpunkt 147° (Zers.) Beim Erhitzen im Reagirglas entwickelt sich Stickoxydul, aus dem krystallinisch erstarrenden Rückstand können durch Umkrystallisiren aus Alkohol lange farblose Nadeln vom Schmelzpunkt 123° erhalten werden, in denen wohl der Phenylcarbaminsäure-p-nitrobenzylester

$$C_6H_5NHCO_2CH_2C_6H_4NO_2$$

vorliegt.

3. Carbaminsäurebenzylester.

Chlorkohlensäurebenzylester.

$Cl.COOCH_2C_6H_5$.

Derselbe entsteht leicht, wenn man Benzylalkohol etwa in sein gleiches Gewicht auf —8° gekühltes Chlorkohlenoxyd eintropfen lässt. Man lässt das Gemisch allmählich die Zimmertemperatur annehmen und leitet nöthigenfalls unter gelindem Erwärmen zur Entfernung von Carbonylchlorid und Salzsäure 4 bis 5 Stunden lang einen trocknen Luftstrom hindurch.

Der Ester ist ein farbloses, sehr stechend riechendes Oel, welches schon wenig über 100° langsam, bei etwa 155° sehr lebhaft unter Kohlensäureabspaltung in Benzylchlorid übergeht, welches durch Fractioniren leicht rein zu erhalten ist. (Gef. C 66,31, H 5,57, Cl 27,84. Ber. C 66,47, H 5,54, Cl 27,99. Siedepunkt 173° unter 724 mm Druck.)

Beim Destilliren im Vacuum siedet die Hauptmenge bei 103° (19—20 mm Druck), doch findet auch da schon eine geringe Abspaltung von Kohlensäure statt, so dass das Destillat immer etwas Benzylchlorid enthält.

I 0,2491 g vacuumdestillirter Ester gaben 0,2064 g AgCl.
II 0,2626 g gaben 0,2219 g AgCl.
0,1103 g gaben 0,0424 g H_2O und 0,2299 g CO_2.

Berechnet für $ClCO_2CH_2C_6H_5$:	Gefunden: I.	Gefunden: II.
C 56,35		56,84
H 4,11		4,27
Cl 20,76	20,49	20,89

Benzylcarbamat.

Durch Behandeln mit Ammoniakgas in Benzollösung, geht der Chlorkohlensäureester glatt in das schon beschriebene Benzylcarbamat vom Schmelzpunkt 86° über, welches im Gegensatz zu dem Chlorkohlensäureester fast unzersetzt destillirbar ist.

0,3091 g gaben 26,1 ccm N bei 9,5° und 710 mm Druck.

Berechnet für $NH_2CO_2CH_2C_6H_5$: Gefunden:

N 9,27 9,46

Von concentrirter Schwefelsäure wird Benzylcarbamat schon in der Kälte unter Dunkelfärbung zersetzt. Nitrirungsversuche in schwefelsaurer Lösung führten daher nicht zu dem gesuchten Benzylnitrocarbamat.

4. Carbaminsäureallylester.

Chlorkohlensäureallylester.

$Cl.COOC_3H_5$.

Derselbe wurde bereits von Tornöe[1]) zur Darstellung des Allylcarbamats verwendet, ohne dass er ihn analysirt oder näher beschrieben hätte. Ich erhielt ihn als eine bei 180° (717 mm Druck) unzersetzt siedende Flüssigkeit, deren Dämpfe sehr heftig auf Augen und Schleimhäute einwirken.

0,2013 g gaben 0,2377 g AgCl.

Berechnet für $ClCO_2C_3H_5$: Gefunden:

Cl 29,35 29,20

Um daraus das Allylcarbamat zu erhalten, verfährt man genau wie beim Benzylcarbamat.

5. Nitrocarbamat des Glykolsäureäthylesters.

Chlorocarbonat des Glykolsäureäthylesters.

$$\begin{array}{l} Cl-CO \\ \quad\;\; | \\ \quad\;\; O-CH_2COOC_2H_5 \end{array}$$

Chlorkohlenoxyd wirkt in der Kälte auf Glykolsäureäthylester gar nicht ein, leicht dagegen in der Wärme. 10 g Glykolsäureester werden mit etwas mehr als der berechneten Menge Chlorkohlenoxyd versetzt und die Mischung 5 bis 6 Stunden im Einschmelzrohr auf 60° erhitzt. Das Reactionsgemisch wird zwei Mal mit Wasser gewaschen und über Chlorcalcium getrocknet. Stark riechende Flüssigkeit, die bei 182 bis 183° (714 mm Druck) unter geringer Zersetzung siedet; unter 80 mm Druck siedet der Ester bei 113° ohne Zersetzung.

---

1) Ber. **21**, 1288.

0,2067 g gaben 0,1760 g AgCl.

Berechnet für $C_5H_7O_4Cl$:	Gefunden:
Cl 21,26	21,06

Carbamat des Glykolsäureäthylesters.

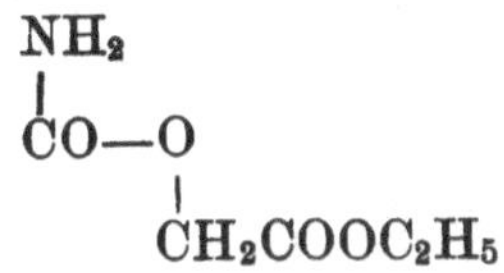

Der Chlorkohlensäureester wird in Benzol gelöst und trocknes Ammoniakgas unter guter Wasserkühlung durchgeleitet. Das aus dem Chlorammonium mit Benzol extrahirte Carbamat krystallisirt aus Benzol beim langsamen Erkalten in grossen derben Prismen. Leicht löslich in Wasser, Alkohol und Aether, mässig in Benzol, unlöslich in Ligroïn. Schmelzpunkt 61^{0}.

0,3380 g gaben 29,1 ccm N bei 11^{0} und 718 mm Druck.

Berechnet für $C_5H_9O_4N$:	Gefunden:
N 9,52	9,69

Nitrocarbamat des Glykolsäureäthylesters.

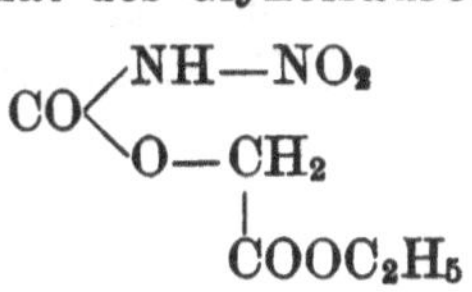

Man erhält dieses Nitrocarbamat in ähnlicher Weise wie die obengenannten Nitrocarbamate. Die besten Ausbeuten erzielt man durch möglichst genaues Einhalten der folgenden Versuchsbedingungen. Man löst 10 g Carbamat und 10 g Aethylnitrat in 100 ccm concentrirter Schwefelsäure und verrührt die Mischung 30 Minuten lang mit der Turbine, wobei man die Temperatur durch Einstellen des die Mischung enthaltenden Gefässes in schmelzendes Eis constant auf ungefähr 0^{0} erhält. Man giesst darauf die Säure unter gutem Umrühren auf etwa 400 g gestossenes Eis, schüttelt mehrere Mal mit Aether aus und trocknet die Aetherlösung einige Zeit über Chlorcalcium. Leitet man Ammoniakgas durch diese Aetherlösung des Nitrocarbamats, so bildet sich zunächst ein weisser Niederschlag, der sich nach einiger Zeit rasch gelb färbt und als gelbes Oel auf den Boden des Gefässes sinkt. Dieses Oel, das unreine Ammoniaksalz des Nitrocarbamats, geht beim Stehen in den festen Zustand über und wird mit Aether gewaschen.[1]) Das aus dem Ammoniaksalz erhaltene Nitrocarbamat krystallisirt aus Benzol in äusserst feinen farblosen Blättern. Leicht löslich in Aether, Alkohol und Wasser, mässig in heissem, ziemlich schwer in kaltem Benzol, unlöslich in Ligroïn. Schmelzpunkt 80°.

0,2306 g gaben 0,0914 g H_2O und 0,2697 g CO_2.

0,2082 g gaben 27,9 ccm N bei 14° und 713 mm Druck.

Berechnet für $C_5H_8O_6N_2$:		Gefunden:
C	31,25	31,09
H	4,17	4,29
N	14,58	14,78

Es gelang nicht durch Reduction des Nitrocarbamats mit Zinkstaub nach dem von Thiele und Lachman[2]) angegebenen Verfahren das entsprechende Nitrosocarbamat in reinem Zustande zu erhalten. Es entstand zwar eine gelb gefärbte Lösung, doch schlugen Versuche, daraus das reine Silbersalz des Nitrosocarbamats darzustellen, fehl.

Silbersalz.

Dieses wird am besten dargestellt, indem man eine concentrirte wässerige Lösung der Säure mit Silbercarbonat erwärmt, vom Ueberschusse des letztern abfiltrirt und im Vacuumexsiccator verdunstet. Aus ein wenig heissem Wasser krystallisirt es beim Erkalten in sehr kleinen durchsichtigen Blättern. Es ist leicht löslich in Ammoniak und Essigsäure.

0,2066 g gaben 0,0749 g Ag.

Berechnet für $C_5H_7O_6N_2Ag$:		Gefunden:
Ag	36,05	36,25

Nitrocarbamat des glykolsauren Kaliums, Kaliumsalz.

$$CO\begin{cases} NK-NO_2 \\ O-CH_2 \\ \quad\;\; | \\ \quad\; COOK \end{cases}$$

Versetzt man eine methylalkoholische Lösung des Nitrocarbamats des Glykolsäureesters mit methylalkoholischem Kali, so erwärmt sich

1) Das Filtrat vom Ammoniaksalz enthält nur Spuren unveränderten Carbamats.

2) Annalen, **288**, 304.

die Mischung nach und nach und das obengenannte Salz scheidet sich als weisser krystallinischer Niederschlag aus; leicht löslich in Wasser, unlöslich in Alkohol. Beim Versetzen einer concentrirten wässerigen Lösung mit Alkohol scheidet sich das Salz in warzenförmigen Büscheln von winzigen Nädelchen aus.

0,1663 g gaben 0,1205 g K_2SO_4.

Berechnet für $C_8H_2O_6N_2K_2$:	Gefunden:
K 32,50	32,39

6. Nitrocarbamat des Milchsäureäthylesters.

Chlorocarbonat des Milchsäureäthylesters.

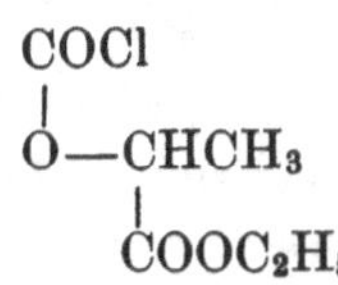

Wie Glykolsäureäthylester reagirt Milchsäureäthylester nicht mit Carbonylchlorid in der Kälte. Zur Darstellung des Chlorocarbonats wird die beim Glykolsäureester (siehe daselbst) angegebene Methode angewandt. Die daselbst mitgetheilten Mengen dienen ebenso gut zur Darstellung dieses Chlorocarbonats [1]). Es ist eine in Wasser unlösliche, stechend riechende Flüssigkeit. Siedepunkt 91° unter 19 mm Druck. Unter dem gewöhnlichen Druck (714 mm) siedet sie bei 180° fast ohne Zersetzung.

0,1913 g gaben 0,1506 g AgCl.

Berechnet für $C_6H_9O_4Cl$:	Gefunden:
Cl 19,61	19,47

Carbamat des Milchsäureäthylesters.

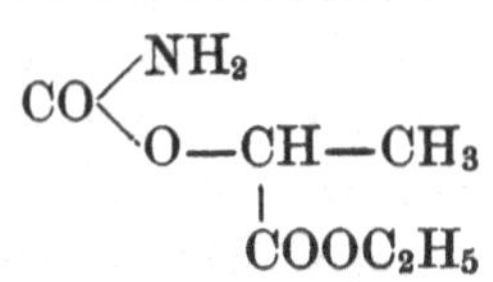

Man erhält dasselbe in der gewöhnlichen Weise, beim Einleiten von Ammoniak in die Benzollösung des Chlorocarbonats. Die Aus-

1) Da grosse Mengen Salzsäure bei der Reaction entwickelt werden, darf nicht zu viel von den reagirenden Substanzen in ein Rohr gethan werden. Auf ein Rohr höchstens 10 g Ester zusammen mit der berechneten Menge Carbonylchlorid.

beute ist sehr gering. Aus Benzol krystallisirt das Carbamat in sehr dünnen Blättern, die bei 65,5° schmelzen. Es ist leicht löslich in Aether, Wasser und Alkohol, etwas schwerer in Benzol, unlöslich in Ligroïn.

0,2819 g gaben 22,1 ccm N bei 11° und 720 mm Druck.

Berechnet für $C_6H_{11}O_4N$:	Gefunden:
N 8,70	8,85

Nitrocarbamat des Milchsäureäthylesters.

$$CO\begin{cases} NHNO_2 \\ O-CH(COOC_2H_5)-CH_3 \end{cases}$$

Dieses Carbamat wird genau in derselben Weise nitrirt, wie das Carbamat des Glykolsäureäthylesters (s. daselbst). Leitet man Ammoniakgas durch die ätherische Lösung des Nitrocarbamats, so wird das Ammoniaksalz als gelbes beim Stehen nach und nach fest werdendes Oel niedergeschlagen [1]). Das freie Nitrocarbamat krystallisirt aus Benzol in kleinen, farblosen, monosymmetrischen Tafeln vom Schmelzpunkt 68°. Es ist sehr leicht löslich in Aether, Alkohol und Wasser, mässig löslich in Benzol, unlöslich in Ligroïn. Nach der Methode von Thiele und Lachman konnte kein Nitrosocarbamat erhalten werden.

0,2973 g gaben 0,1336 g H_2O und 0,3792 g CO_2.

0,2307 g gaben 28,5 ccm N bei 13° und 718 mm Druck.

Berechnet für $C_6H_{10}O_6N_2$:	Gefunden:
C 34,95	34,79
H 4,85	4,99
N 13,59	13,78

Silbersalz.

Man erwärmt eine wässerige Lösung des Nitrocarbamats gelinde mit Silbercarbonat und lässt die klare Lösung des Silbersalzes im Vacuumexsiccator verdunsten. Das Salz scheidet sich in grossen dicken Prismen aus, die in Wasser sehr leicht löslich sind. Beim Erwärmen auf 50° zersetzt es sich unter Verkohlen. Beim raschen Erhitzen explodirt es. Die Analysen von zwei verschiedenen Präparaten entsprechen 1 Molekül Krystallisationswasser.

---

1) Das so gefällte Ammoniaksalz ist stets unrein. Die Analysen gaben immer einen zu hohen Stickstoffprocent.

I 0,1966 g gaben 0,0638 g Ag.
II 0,0768 g gaben 0,0251 g Ag.

Berechnet für $C_6H_9O_6N_2Ag + H_2O$:	Gefunden:
Ag 32,57	I 32,45 II 32,68

7. Nitrosocarbaminsäuremethylester.

NONHCOOCH$_3$

Der Nitrocarbaminsäuremethylester lässt sich nach dem von Thiele und Lachman für Nitrourethan angegebenen Verfahren[1]) leicht zu einem Nitrosocarbamat reduciren. Da jedoch die Zersetzlichkeit des ersteren noch grösser als die des Nitrosourethans ist, so sind besondere Vorsichtsmassregeln bei der Darstellung erforderlich[2]).

Man löst 20 g Ammoniaksalz des Nitrocarbamats in 300 g Wasser und giesst 8 g Eisessig hinzu. Ferner gibt man binnen fünf Minuten jedes Mal in kleinen Portionen 12 g Zinkstaub dazu, wobei man Sorge trägt, dass die Flasche nach jedem Zusatze gut geschüttelt und mit Wasser kühl gehalten wird. Darauf lässt man die in schiefer Stellung gehaltene und in geeigneter Weise mit einer Turbine verbundene Flasche eine Stunde lang rotiren und taucht sie während dieser Zeit theilweise in Eiswasser. Aus dem so gewonnenen Zinksalz erhält man das Nitrosocarbamat, wie beim Nitrosourethan beschrieben. Wegen der leichten Löslichkeit des Nitrosocarbamats in Wasser empfiehlt es sich, dasselbe vor dem Extrahiren mit Aether mit Ammoniumsulfat auszusalzen, da sonst eine beträchtliche Menge zurückbleibt. Beim Verdunsten im Vacuumexsiccator bleibt das Nitrosocarbamat in Form von gelben krystallinischen Krusten zurück. Aus einer mit viel Ligroïn versetzten concentrirten Lösung in Aether krystallisirt es langsam in schönen gelben Nadeln. In seinen Eigenschaften und seinem Verhalten entspricht es in jeder Beziehung dem Nitrosourethan. Schmelzpunkt gegen 61° unter Zersetzung. Zur Analyse wurde es in zwei Schiffchen verbrannt.

0,1975 g gaben 0,0705 g H_2O und 0,1663 g CO_2.

0,2144 g gaben 54,3 ccm N bei 20,5° und 715 mm Druck.

---

1) Annalen **288**, 304.

2) Es ist am besten, vor Beginn der Darstellung ein grosses Quantum fein gestossenen Eises und zwei oder drei grosse mit Filtrirpapieren und Saugflaschen versehene Nutschen bei der Hand zu haben. Das Kochsalz und Silbernitrat sollten zuvor gewogen und zum Gebrauch fertig aufgelöst werden.

Berechnet für $NONHCO_2CH_3$:	Gefunden:
C 23,08	22,96
H 3,85	3,96
N 26,92	27,15

Salze des Nitrosocarbaminsäuremethylesters.

Ammoniaksalz, $NONNH_4COOCH_3$.

Dasselbe wird, wenn man trockenes Ammoniakgas durch eine ätherische Lösung des Nitrosocarbamats leitet, als ein gelbes Pulver niedergeschlagen. Es schmilzt gegen 105° unter heftiger Zersetzung. In trockenem Zustande ist es ziemlich beständig, in wässeriger Lösung wird es in der Kälte langsam zersetzt.

0,1399 g in zwei Schiffchen verbrannt gaben 44,7 ccm N bei 20° und 719 mm Druck.

Berechnet für $C_2H_4O_3N_2NH_3$:	Gefunden:
N 34,71	34,54

Silbersalz, $NONAgCOOCH_3$.

Versetzt man eine wässerige Lösung des Ammoniaksalzes mit Silbernitrat, so wird das Silbersalz als ein gelbes Pulver niedergeschlagen. Dasselbe wird rasch abfiltrirt, zunächst mit Wasser und dann mit Alkohol gewaschen und auf einem Thonteller im Vacuumexsiccator getrocknet. In trockenem Zustande ist es mässig beständig, aber es zersetzt sich rasch, sobald es der Luft ausgesetzt wird. Es ist weniger beständig als das Silbersalz des Nitrosourethans und explodirt heftig beim Erwärmen, ja sogar durch Schlag oder Reibung. Unlöslich in Wasser, leicht in Ammoniak und schwer löslich in Essigsäure. In verdünnter Salpetersäure löst es sich unter heftiger Zersetzung.

0,2107 g gaben 0,1441 g AgCl.

Berechnet für $C_2H_3O_3N_2Ag$:	Gefunden:
Ag 51,11	51,49

8. Versuch, das Chlorocarbonat des Tartronsäureäthylesters darzustellen.

Es wurde zuerst der Versuch gemacht, Tartronsäureäthylester in einer der Darstellung von Glykolsäureäthylester aus Monochloressigsäureäthylester, glykolsaurem Natrium und Alkohol[1]) analogen Weise, durch Erhitzen einer Mischung von 1 Molekül tartronsauren Natriums, $^1/_2$ Molekül Monochlormalonsäureäthylester und absolutem Alkohol in einem zugeschmolzenen Rohr darzustellen. Da jedoch nach 16 stündigem Erhitzen auf 160° keine Reaction eintrat, wurde die Methode von Pinner[2]) angewandt.

Tartronsäureäthylester reagirt schwer, falls es überhaupt geschieht, mit Phosgen. Nach 3 stündigem Erhitzen des Esters mit Phosgen auf 70° im zugeschmolzenen Rohr wurde kein Chlorocarbonat erhalten. Die Versuche mit Tartronsäureester wurden jedoch nicht fortgesetzt, theilweise in Anbetracht der obenerwähnten Thatsache und der bereits früher constatirten Schwierigkeit, den Ester selbst in Menge darzustellen, zum Theil aber auch, weil die schon mit den Carbamaten der Milchsäure- und Glykolsäureäthylester angestellten Versuche, keine ungesättigten Methylenderivate geliefert hatten.

9. Spaltungen des Nitrosocarbaminsäuremethylesters.

Wie bereits im theoretischen Theil erwähnt, fanden Thiele und Lachman, dass Nitrosourethan in der Kälte mit verdünnten Säuren oder beim Erwärmen der wässerigen Lösung rasch zersetzt wird, indem die Reaction nach der folgenden Gleichung verläuft:

$$2CO\langle{}^{NHNO}_{OC_2H_5} = 2CO_2 + 2N_2 + C_2H_5OH + C_2H_4 + H_2O$$

Demgemäss wurde eine Reihe ähnlicher Zersetzungen mit dem entsprechenden Methylester ausgeführt, um festzustellen, ob Methylen im freien Zustande oder bei der Reaction als Zwischenprodukt gebildet wird.

Die Zersetzungen werden in einer 25 ccm Flasche im Kohlensäurestrom ausgeführt, die mit einem Kautschukstöpsel versehen ist, durch welchen ein Tropftrichter und zwei gebogene Glasrohre zum Ein- und Ausleiten des Kohlensäurestromes gehen. Das letztere Rohr ist mit einem Kalilauge enthaltenden Azotometer verbunden. Die Substanz wird in der Flasche gewogen und genug ausgekochtes Wasser zum Auflösen hinzugefügt. Darauf wird die Flasche ver-

---

1) Schreiner, Annalen, **197**, 5.

2) Ber. **18**, 757.

korkt und ein Strom reiner Kohlensäure durch den Apparat geleitet, bis sämtliche Luft hinausgetrieben ist, während man gleichzeitig die Flasche mit einem geeigneten Bade umgibt, welches die für den Versuch erforderliche Temperatur besitzt. Nachdem man eine zuvor ausgekochte verdünnte Lösung der Säure durch den Tropftrichter zugesetzt hat, beginnt die Zersetzung und verläuft regelmässig bis alles Nitrosocarbamat zersetzt ist. Die in der Flasche zurückbleibende Lösung erwärmt man und treibt die gasförmigen Zersetzungsprodukte durch einen Kohlensäurestrom in den Azotometer, wo das Gas untersucht werden kann.

Spaltung mit verdünnter Schwefelsäure.

0,2206 g gaben mit 5 procentiger Schwefelsäure bei —8° 52,7 ccm Gas bei 16° und 721 mm Druck.

Berechnet:	Gefunden:
N 26,92 %	26,39

Dieser Versuch erforderte zur vollständigen Ausführung 15 Minuten. Das Gas bestand ausschliesslich aus Stickstoff.

Wenn man die Zersetzungsflüssigkeit im Kolben mit Baryumcarbonat in der Kälte neutralisirt, so gibt das Filtrat, mit etwas Salzsäure und Chlorbaryum erhitzt, von neuem eine geringe Fällung von Baryumsulfat. Die Lösung enthält somit Methylschwefelsäure. Bei der unter ganz gleichen Umständen angestellten Zersetzung des Nitrosocarbaminsäureäthylesters ist keine Spur von Aethylschwefelsäure nachweisbar. Controlversuche ergaben, dass keine Methylschwefelsäure gebildet wird, wenn Methylalkohol und verdünnte Schwefelsäure von den obigen Stärken mit einander vermischt werden. Zwei Moleküle Nitrosocarbamat sollten ein Molekül Methylschwefelsäure liefern, doch erhält man weit weniger, offenbar weil ein Theil des Methylens mit Wasser zu Methylalkohol zusammentritt.

0,4754 g gaben 0,0135 g $BaSO_4$.

Berechnet pro 1 g Substanz:	Gefunden:
$BaSO_4$ 1,12 g	0,03

Spaltung mit Wasser.

Eine wässerige Lösung des Nitrosocarbamats zersetzt sich langsam in der Kälte. Erwärmt man sie bis auf ungefähr 40°, so wird die Zersetzung rascher, verläuft aber noch regelmässig.

0,1195 g gaben mit Wasser bei 40° 29,2 ccm Gas bei 20° und 719 mm Druck.

Eine Behandlung des Gases mit Bromwasser ergab keine Verringerung des Volumens.

Berechnet:	Gefunden:
N 26,92 %	26,40

Spaltung mit wässeriger Mellithsäure.

Da Mellithsäure, nach Victor Meyer, sich nur schwer esterificirt, wurde in einem eigens construirten Apparate ein Versuch mit dieser Säure angestellt.

Eine 25 ccm-Flasche, die eine abgewogene Menge Nitrosocarbamat enthielt und durch vollständige Umlagerung mit schmelzendem Eis auf eine constante Temperatur von 0° erhalten wurde, wurde mit einem kleinen Tropftrichter zum Eingiessen der wässerigen Lösung der Mellithsäure und einem gebogenen Rohr, das in geeigneter Weise unten am Ende eines Quecksilber enthaltenden Eudiometers angebracht war, versehen, so das der Druck in der Flasche constant blieb. Die Vorrichtung stimmte also mit Victor Meyers Apparat zur Bestimmung von Dampfdichten überein. Die in dem Eudiometer sich ansammelnde Gasmenge entspricht dem in der kleinen Flasche entwickelten Gasvolumen.

0,1255 g gaben 76,0 ccm Gas. Barometerstand 716 mm. Temperatur 20,5°. Länge der Quecksilbersäule 122 mm. Wasserdampftension bei 20,5° = 18 mm.

Das Gas enthielt keine ungesättigte Verbindung.

Berechnet:	Gefunden:
$CO_2 + N_2$ 69,23 %	68,87

Spaltungen mit anderen Reagentien.

Es wurden Versuche in Gegenwart von Reagentien angestellt, von denen man annehmen konnte, dass sie sich mit dem Methylen, falls dasselbe wirklich zuerst gebildet würde, zur Bildung leicht nachweisbarer Verbindungen vereinigen würden. Die Versuche verliefen resultatlos.

Das Nitrosocarbamat wird bei gewöhnlicher Temperatur mässig rasch durch Bromwasser zersetzt. Es bildet sich jedoch kein Methylenbromid, zugleich wird aber auch kein Nitrocarbamat durch die oxidirende Wirkung des Broms auf das Nitrosocarbamat erzeugt, und es ist daher die durch das Bromwasser bewirkte Zersetzung eine vollständige. Mit verdünnter Jodwasserstoffsäure wird es sehr rasch zersetzt unter Ausscheidung von Jod, offenbar infolge des Auftretens von Spuren salpetriger Säure. In trockenem Salzsäuregas verpufft es. Wässerige Salzsäure zersetzt es, wie Schwefelsäure, sehr rasch, doch war die Bildung von Methylchlorid nicht nachweisbar.

Spaltung des Nitrosourethans.

Diese Verbindung ist bekanntlich von Thiele und Lachman, ihren Entdeckern, untersucht worden. Ein weiteres Experiment wurde angestellt, um womöglich zu ermitteln, ob sich bei der Zersetzung zuerst Aethyliden und nicht Aethylen bilde. Zu diesem Zwecke wurden ungefähr 5 g Nitrosourethan in Gegenwart von Brom durch verdünnte Schwefelsäure zersetzt. Der Versuch wurde im Dunkeln ausgeführt und die Temperatur auf 0° erhalten. Nachdem der Bromüberschuss mit schwefeliger Säure reduzirt worden war, wurde die Lösung destillirt, und das mit den ersten Theilen des Destillats übergehende Oel getrennt und über Chlorcalcium getrocknet. Siedepunkt 130°. Schmelzpunkt 7°. Das Oel war also Aethylenbromid.

Nitrosourethan wird von wässeriger schwefeliger Säure oder Salzsäure leicht angegriffen und liefert quantitativ dieselben Produkte wie mit Schwefelsäure. Die Bildung von Aethylsulfosäure resp. Aethylchlorid konnte nicht nachgewiesen werden und sämmtliches Aethylen wurde in freiem Zustande erhalten. So wird auch keine Aethylschwefelsäure gebildet, wenn Nitrosourethan mit verdünnter Schwefelsäure zersetzt wird.

10. Einwirkung von salpetriger Säure auf Urethane.

Das Studium der eigenthümlichen Zersetzung, die das Nitrosourethan erfährt, führte zu der Annahme, dass die Einwirkung von salpetriger Säure auf Urethan eine ähnliche Zersetzung bewirken könnte. Versuche haben bewiesen, dass dies in der That der Fall ist. Lässt man verdünnte salpetrige Säure auf Urethan einwirken, so zerfällt es quantitativ nach der folgenden Gleichung:

$$2CO\langle{}^{NH_2}_{OC_2H_5} + 2HONO = 2CO_2 + 2N_2 + C_2H_5OH + C_2H_4 + 3H_2O$$

Ungefähr 0,1 bis 0,2 g Urethan werden in einem Ueberschuss von verdünnter Schwefelsäure aufgelöst in dem Apparat, der bei den oben erwähnten Versuchen mit den Nitrosocarbamaten benützt wurde, und bei 0° mit der berechneten Menge Natriumnitrit zersetzt. Auf diese Weise gelangen nur ungefähr 80 bis 90 % des Urethans zur Zersetzung. Später wurde gefunden, dass die Zersetzung eine vollständige ist, wenn 2 bis 3 Moleküle Natriumnitrit auf 1 Molekül Urethan kommen. Das auf diese Weise im Azotometer über Kalilauge erhaltene Gas wird in eine Hempel'sche Burette geführt und die geringe Menge Stickoxyd durch Schütteln mit einer Ferrosulfatlösung entfernt. Das übrigbleibende Gas besteht aus Aethylen und Stickstoff und zwar in einem Volumverhältniss von 1 zu 2, wie die nachstehenden Analysen zeigen.

I 18,4 ccm, mit Sauerstoff gemischt und explodirt, lieferten 12,2 ccm CO_2; 55,2 ccm, mit Bromwasser geschüttelt, hinterliessen 38,8 ccm N.

II 35,8 ccm, mit Sauerstoff gemischt und explodirt, lieferten 22,9 ccm CO_2.

Berechnet für $^1/_3$ Volumen:		Gefunden:	
		I	II
C_2H_4	33,3 %	33,1	32,0
„	„ directe Bestimmung	29,7	

Diese Analysen geben nur das Verhältniss des Aethylens zum Stickstoff. Bei einem Versuch wurde 1 Molekül Urethan durch 3 Moleküle salpetriger Säure zersetzt. Die Zersetzung war in diesem Falle eine vollständige.

0,1094 g Urethan und 0,38 g Natriumnitrit gaben nach der Absorption des Stickoxyds durch Ferrosulfatlösung 46,4 ccm Gas.

Nach der Behandlung mit Bromwasser und darauf mit Kalilauge, 31,3 ccm = 30,3 ccm bei 11° und 711 mm Druck[1]).

Berechnet pro 0,1 g Urethan:		Gefunden:
N	25,07 ccm	24,91
C_2H_4	12,53 ccm	12,01

Um zu beweisen, dass Aethylalkohol zugleich mit Aethylen gebildet wird, wurden 20 g Urethan und 60 g Natriumnitrit in Wasser bei 0° gelöst und ein Ueberschuss von verdünnter Schwefelsäure nach und nach hinzugesetzt und die Lösung stehen gelassen bis alles Urethan zersetzt war. Die Lösung wurde dann mit Natronlauge

1) Bei dieser und allen folgenden Gasanalysen ist das Gasvolumen auf 0° und 760 mm Druck berechnet.

alkalisch gemacht und der Aethylalkohol durch Destilliren mit Kaliumcarbonat getrennt. Auf diese Weise wurde eine kleine Menge reinen Alkohols vom Siedepunkt 78° erhalten. Eine grosse Menge geht infolge der durch den Ueberschuss von salpetriger Säure verursachten Bildung von Aethylnitrit, welches durch den entwickelten Stickstoff und Stickoxyd fortgerissen wird, verloren.

Eine einigermassen analoge Reaction findet statt bei dem Zersetzen von Chlorkohlensäureäthylester mit Wasser oder Säuren. Die Aethylenmenge ist jedoch klein und wechselnd und scheint in keinem einfachen Verhältniss zum angewandten Chlorkohlensäureester zu stehen. Mit Alkalien wird kein Aethylen gebildet.

Da dasselbe von siedendem Wasser oder verdünnten Säuren nur langsam angegriffen wird, wurde ein besonderes Verfahren zum Messen der gasförmigen Zersetzungsprodukte angewandt. Eine abgewogene in einem dünnen Glaskügelchen enthaltene Menge Chlorkohlensäureäthylester wurde in ein an dem einen Ende zugeschmolzenes Glasrohr gethan, ungefähr 10 ccm stark verdünnter Schwefelsäure zugesetzt und das Rohr zu einer Spitze ausgezogen. Nachdem das Rohr evacuirt war, wurde die Spitze zugeschmolzen. Darauf wurde es 7 Stunden auf 120° im Schiessofen erhitzt. Nach der Zersetzung wurde die Spitze des Rohres unter Quecksilber abgebrochen und das Volum der Kohlensäure und des Aethylens notirt, worauf die erstere mit Kalilauge absorbirt und das Volum wieder notirt wurde.

0,3478 g gaben 107 ccm Gas. $t = 17{,}5^{\circ}$. Barometerstand 720 mm. Höhe der Quecksilbersäule 135 mm, der Wassersäule 35 mm. Spannkraft des Wasserdampfes bei $17{,}5^{\circ} = 15$ mm Hg.

Nach der Behandlung des Gases mit Kalilauge Vol. = 13,5 ccm, Höhe der Quecksilbersäule 426 mm, der Wassersäule 64 mm.

Das im Rohr verbleibende Gas wurde gänzlich durch Bromwasser absorbirt.

	Berechnet pro 0,1 g Substanz:	Gefunden:
CO_2	20,59 ccm	20,27
C_2H_4		1,31

Ein ähnlicher quantitativer Versuch mit Kohlensäureäthylester lieferte kein Aethylen. Natriumkohlensäureäthylester und Orthoameisensäureäthylester liefern bei der Zersetzung in saurer oder wässeriger Lösung gleichfalls keine Spur von Aethylen. In derselben Weise zerfällt Urethan langsam beim Kochen mit verdünnter Schwefelsäure, wobei kein Aethylen gebildet wird.

Carbaminsäuremethylester.

Zersetzt man Carbaminsäuremethylester mit salpetriger Säure in verdünnter schwefelsaurer Lösung, so wird kein ungesättigtes Gas entwickelt.

0,1122 g gaben nach der Absorption von Stickoxyd 38,8 ccm Gas.

Nach der Behandlung mit Bromwasser und darauf mit Kalilauge 38,7 ccm = 37,7 ccm bei 11° und 705 mm Druck.

Berechnet pro 0,1 g Substanz:		Gefunden:
N	29,76 ccm	29,54

Im Reactionsgemisch fand sich keine Methylschwefelsäure.

Carbaminsäure-n-propylester.

Der Chlorkohlensäure-n-propylester wurde in der gewöhnlichen Weise dargestellt und destillirt und die Fraction 110—115°[1]) in Benzol gelöst und mit Ammoniakgas in das Carbamat umgewandelt. Der so erhaltene Carbaminsäure-n-propylester schmilzt bei 60° und siedet bei 193° unter 711 mm Druck (nach Roemer, Schmelzpunkt 53°, Siedepunkt 194—195°.[2]) Bei einem etwas später dargestellten Präparat wurde genau derselbe höhere Schmelzpunkt gefunden.

Wegen dieser Verschiedenheit des Schmelzpunktes wurde das Carbamat analysirt.

0,1988 g gaben 0,1587 g H_2O und 0,3394 g CO_2.

Berechnet:		Gefunden:
C	46,60	46,56
H	8,74	8,87

Dass das Carbamat ein einheitlicher Körper ist, und dass der höhere Schmelzpunkt nicht von der Gegenwart einer schwer trennbaren Beimischung herrührt, geht aus der Thatsache hervor, dass bei einem Versuche, bei welchem nur ungefähr $^3/_4$ des angewandten Carbamats durch salpetrige Säure zersetzt wurden, das übrigbleibende unzersetzte Carbamat nach der Isolirung den ursprünglichen Schmelzpunkt 60° aufwies.

---

1) H. Roemer (Ber. 6, 1101) gibt als Siedepunkt 120—130°.

2) loc. cit.

Der Carbaminsäure-n-propylester wird mit salpetriger Säure in ähnlicher Weise zersetzt wie der Aethylester. 2 Moleküle Carbamat liefern 1 Molekül Propylen und 1 Molekül n-Propylalkohol.

0,1158 g gaben nach der Absorption von Stickoxyd 42,6 ccm Gas. Nach der Behandlung mit Bromwasser und darauf mit Kalilauge 29,5 ccm = 29,0 ccm bei 20° und 720 mm Druck.[1])

	Berechnet pro 0,1 g Substanz:	Gefunden:
N	21,67 ccm	21,57
C_3H_6	10,83 ccm	9,74

Um zu beweisen, dass das ungesättigte Gas wirklich Propylen ist, wurden ungefähr 5 g Carbamat in einer Flasche zersetzt, und die gasförmigen Produkte der Zersetzung durch ein kleines Ferrosulfatlösung enthaltendes Rohr hindurch in Brom geleitet. Das so erhaltene Propylenbromid wurde vom Bromüberschusse befreit, getrocknet und destillirt. Wegen der geringen Menge, die gebildet wurde, empfahl es sich, die Siedepunktbestimmung in einem Capillarrohr nach Siwoloboff[2]) auszuführen. Er siedet bei 139—140° unter 720 mm Druck (Propylenbromid 141,6°). Versetzt man die in der Flasche zurückbleibende vollständig zersetzte Carbamatlösung mit überschüssiger Natronlauge und destillirt mit Kaliumcarbonat, so erhält man eine kleine Menge Propylalkohol, der nach dem Trocknen bei 93—97° siedet (n-Propylalkohol 97,4°). Es wurde somit, falls überhaupt, keine beträchtliche Menge Isopropylalkohol gebildet.

Die kleine Menge des erhaltenen Alkohols gestattete keine weiteren Versuche zur Aufsuchung etwa entstandenen Isopropylalkohols.

Carbaminsäureisopropylester.

Da die Siede- und Schmelzpunkte des erhaltenen Chlorocarbonats bezw. Carbamats stark von den von Spica und Varda[3]) angegebenen abweichen, so sei eine kurze Beschreibung der Darstellung angeführt.

Man leitet die berechnete Menge von gasförmigem Phosgen durch den in einer Flasche enthaltenen Isopropylalkohol. Die Reaction tritt ein unter Erwärmen und die Flasche wird durch geeignetes Kühlen mit Wasser auf eine Temperatur von ungefähr 40° erhalten. Wird der Isopropylalkohol zu stark abgekühlt, so strömt eine beträchtliche Menge Phosgen hindurch und entweicht. Der so gebildete

1) Wegen der merklichen Löslichkeit der Alkylene in Wasser sind die Werthe dieser und der folgenden Analysen nur als annähernde anzusehen.

2) Ber. **19**, 795.

3) Gazz. chim. ital. **17**, 166.

Chlorkohlensäureisopropylester wird zwei Mal mit kaltem Wasser rasch gewaschen und über Chlorcalcium getrocknet, worauf er für gewöhnliche Zwecke genügend rein ist. Durch Fractioniren kann jedoch eine kleine Menge Isopropylcarbonat davon getrennt werden.

Das Chlorocarbonat siedet bei 103° unter 721 mm Druck (nach Spica und Varda bei 94—96°). Leitet man Ammoniakgas durch die Benzollösung des Chlorocarbonats und verdunstet die von dem gefällten Ammoniumchlorid abfiltrirte Lösung, so erhält man das Carbamat ganz rein in der Form von schönen, langen, durchsichtigen Nadeln, die bei 92—93° schmelzen (Nach Spica und Varda bei 36—37°). Aus Wasser oder Alkohol umkrystallisirt, blieb der Schmelzpunkt unverändert. Siedepunkt 181° unter 711 mm Druck, ganz ohne Zersetzung.

I 0,2805 g gaben 0,2232 g H_2O und 0,4768 g CO_2.
0,2708 g gaben 33,15 ccm N bei 11° und 720 mm Druck.

II 0,1104 g gaben 13,5 ccm N bei 13° und 723 mm Druck.

Berechnet:		Gefunden: I	II
C	46,60	46,36	
H	8,70	8,84	
N	13,59	13,81	13,73

Ein zweites Präparat wurde später in der gleichen Weise von Isopropylalkohol, der bei 79—81° unter 720 mm Druck siedete, dargestellt. Siedepunkt des Chlorocarbonats 103—104° unter 723 mm Druck. Das Carbamat schmolz glatt bei 92°.

Da Spica und Varda's Analyse des Carbamats mit der Formel stimmte, dürften dieselben eine Mischung des normalen und Isopropylcarbamats in der Hand gehabt haben.

Isopropylcarbamat erfährt durch salpetrige Säure eine ähnliche Zersetzung wie Urethan und liefert Propylen und Isopropylalkohol.

0,1082 g gaben nach der Absorption des Stickoxyds 39,2 ccm Gas.

Nach der Behandlung mit Bromwasser und darauf mit Kalilauge 27,2 ccm bei 18° und 718 mm Druck.

Berechnet pro 0,1 g Substanz:		Gefunden:
N	21,67 ccm	21,81
C_3H_6	10,83 ccm	9,62

Es wurden ungefähr 5 g Carbamat, in derselben Weise wie beim n-Propylcarbamat beschrieben, zersetzt und die sich entwickelnden Gase durch Brom geleitet, worauf Propylenbromid von dem Siedepunkt 140—141° gebildet wurde. Der in der Flasche verbleibende Alkohol wurde getrennt und über Kaliumcarbonat getrocknet. Er siedete bei 80°, dem Siedepunkt des Hydrats des Isopropylalkohols.

Carbaminsäureisobutylester.

Nach dem Destilliren des aus Phosgen und Isobutylalkohol erhaltenen Chlorkohlensäureisobutylesters wurde die weitaus grösste Fraction, die bei 122—127° siedet, in das Carbamat umgewandelt, welches bei 61° schmilzt; der Schmelzpunkt liegt also 6° höher als der von Mylius beobachtete.[1]) Eine Analyse wurde jedoch nicht ausgeführt.

Bei der Zersetzung mit salpetriger Säure werden Isobutylen und Isobutylalkohol gebildet.

0,1092 g gaben nach der Absorption von Stickoxyd 35,5 ccm Gas.

Nach der Behandlung mit Bromwasser und darauf mit Kalilauge 24,8 ccm bei 20° und 719 mm Druck.

Berechnet pro 0,1 g Substanz:		Gefunden:
N	19,08 ccm	19,54
C_4H_8	9,54 ccm	8,43

Die sich aus etwa 5 g Carbamat entwickelnden Gase wurden durch Brom geleitet und das sich bildende Isobutylenbromid getrennt und gereinigt. Dasselbe siedete bei 149°. Der im Reactionsgemisch verbleibende Isobutylalkohol siedete nach dem Trennen bei 105—106°.

Carbaminsäureallylester.

Wird das Carbamat durch 3 Moleküle wässeriger salpetriger Säure zersetzt, so wird ein brennbares Gas entwickelt. Das Gas brennt infolge der Anwesenheit von Allylnitrit (Siedepunkt 44°), welches durch die Einwirkung von salpetriger Säure auf Allylalkohol gebildet wird und mit dem Stickstoff übergeht.

---

1) Ber. 5, 973.

Werden die Gase durch ein geeignetes von einer Eismischung umgebenes Rohr geleitet, so wird das Allylnitrit meistentheils verdichtet und das sich entwickelnde Gas brennt nicht mehr.

0,1153 g Carbamat wurden durch 3 Moleküle salpetriger Säure zersetzt und gaben nach der Absorption des Stickoxyds 32,1 ccm Gas. Nach der Behandlung mit Bromwasser und darauf mit Kalilauge 30,0 ccm bei 21° und 718 mm Druck.

Berechnet pro 0,1 g Substanz:	Gefunden:
N 22,10 ccm	22,24
Ungesättigte Verbindung	1,56

Diese ungesättigte Verbindung rührt offenbar von dem Allylnitritdampfe her. Nimmt man 1 Molekül salpetriger Säure auf 1 Molekül Allylcarbamat, so bildet sich kein derartiges Gas, doch ist die Zersetzung keine vollständige.

0,2141 g gaben nach der Absorption des Stickoxyds 35,3 ccm Gas bei 20° und 717 mm Druck.

Eine Behandlung mit Bromwasser ergab keine Volumverringerung.

Berechnet pro 0,1 g Substanz:	Gefunden:
N 22,10 ccm	14,14

Leitet man die sich bildenden Gase durch eine ammoniakalische Silbernitratlösung oder eine wässerige Lösung von Quecksilberchlorid, so entstehen keine Niederschläge, was die Abwesenheit von Allylen und Allen [1]) beweist.

Aus der nach der Zersetzung zurückbleibenden Lösung kann Allylalkohol ausgeschieden werden. Zu diesem Zwecke wurde der Lösung festes Kaliumcarbonat zugesetzt und die Schicht von unreinem Allylalkohol getrennt und über Chlorcalcium getrocknet. Nachdem derselbe einige Zeit zur Entfernung von möglicherweise vorhandenem Acroleïn über festem Kaliumhydrat gestanden war, wurde er schliesslich über wasserfreiem Baryt getrocknet. Siedepunkt 90° unter 715 mm Druck.

Carbaminsäurebenzylester.

Da das Carbamat in kaltem Wasser schwer löslich ist, kann man es nicht in ähnlicher Weise wie die bereits genannten Carbamate zersetzen. Löst man 1 Molekül Carbamat und 3 Moleküle Natriumnitrit in heissem Wasser und versetzt die Lösung nach und nach mit

1) Gustavson und Demjanoff, J. pr. [2] **38**, 203.

verdünnter Schwefelsäure, so wird nur ein geringer Theil des Carbamats zersetzt, während der Haupttheil beim Erkalten unverändert auskrystallisirt.

Verreibt man das fein krystallisirte Carbamat mit einem Ueberschusse von verdünnter Natriumnitritlösung in einer Kugelmühle [1]) und setzt von Zeit zu Zeit verdünnte Schwefelsäure hinzu, so geht die Zersetzung sehr langsam vor sich. Es bildet sich aber keine ungesättigte Verbindung.

Dagegen geht die Zersetzung leicht von statten, wenn das Carbamat in Chloroform, worin dasselbe leicht löslich ist, gelöst und bei ungefähr 0° mit einer 5 proc. Lösung von reiner salpetriger Säure in Chloroform behandelt wird. Wird ein grosser Ueberschuss von salpetriger Säure benützt, der Ueberschuss nach der Zersetzung durch Schütteln mit verdünnter Natronlauge neutralisirt und das Chloroform abgedampft, so bleibt eine ölige nach Benzaldehyd riechende Flüssigkeit zurück, die sich beim Destilliren zersetzt und Stickoxyd entwickelt, während Benzaldehyd und gegen den Schluss der Destillation eine geringe Menge Benzöesäure übergehen. [2]) Kein Stilben oder andere Verbindung wurde gefunden. Nimmt man weniger als die berechnete Menge salpetriger Säure, so bildet Benzylalkohol das einzige Zersetzungsprodukt.

Um festzustellen, ob sich ausser Stickstoff und Kohlensäure noch andere Gase bei der Zersetzung entwickeln, wurden in dem beim Nitrosocarbaminsäuremethylester beschriebenen Apparate quantitative Versuche angestellt. Die ersten Versuche bei denen die Kohlensäure durch die Kalilauge im Azotometer absorbirt wurde, lieferten jedoch für den Stickstoff wechselnde und stets grössere Zahlen als die berechnete Menge. Es ergab sich jedoch, dass die Nichtübereinstimmung von der Anwesenheit von Kohlenoxyd in dem Gase herrührte, das im Azotometer durch die Einwirkung der Kalilauge auf Spuren von Chloroformdampf, der mit dem Kohlensäurestrome hinübergeführt worden war, gebildet wurde.

Eine Analyse, bei welcher das Kohlenoxyd von salzsaurem Kupferoxydul absorbirt wurde, lieferte die berechnete Stickstoffmenge.

---

1) Thiele und Lachman, Annalen **288**, 291, Fussnote.

2) J. B. Cohen (Journ. Soc. **71**, 1050) hat jüngst gefunden, dass Benzylalkohol und o- und p-Nitrobenzylalkohol durch die Einwirkung von reiner salpetriger Säure zu den entsprechenden Aldehyden oxydirt werden. Es gelang demselben auch, die Stickstoff enthaltenden Zwischenprodukte zu isoliren.

0,1683 g gaben nach der Absorption von Stickoxyd 31,3 ccm Gas.

Nach der Behandlung mit Bromwasser und darauf mit Kalilauge 31,3 ccm.

Nach der Absorption von Kohlenoxyd 29,0 ccm = 27,7 ccm bei 7° und 719 mm Druck.

Berechnet pro 0,1 g Substanz:	Gefunden:
N 14,79 ccm	15,03

Carbaminsäure-p-nitrobenzylester.

Mit diesem Carbamat, das im Wasser noch weniger löslich ist als Benzylcarbamat, wurden ähnliche Versuche angestellt wie mit dem letzteren. Dieselben ergaben keine Bildung von p-Dinitrostilben oder irgend einer ungesättigten Verbindung. Quantitative Versuche zeigten auch, dass Stickstoff und Kohlensäure die einzigen bei der Reaction entwickelten Gase sind. Die Anwesenheit von Kohlenoxyd wurde wiederum in dem über Kalilauge im Azotometer gesammelten Gase festgestellt.

Wird das Carbamat durch überschüssige salpetrige Säure in Chloroformlösung zersetzt und der Säureüberschuss durch Schütteln mit Natronlauge neutralisirt, so erstarrt der Rückstand, nach dem Abdampfen von Chloroform und Kühlen, zu einer weissen Masse, die sich in Alkohol vollständig auflöst. Versetzt man die alkoholische Lösung mit Wasser, so wird die Substanz ausgefällt. Dieselbe schmilzt unscharf bei etwa 64°. Beim Erhitzen verpufft sie unter Verharzen und entwickelt Stickoxyd. Die Verbindung entsteht offenbar durch die Einwirkung der überschüssigen salpetrigen Säure auf den bei der Zersetzung des Carbamats gebildeten p-Nitrobenzylalkohol. [1])

Carbamat des Glykolsäureäthylesters.

Die Zersetzung dieses Carbamats mit salpetriger Säure liefert keine ungesättigte Verbindung. Mit 3 Molekülen der Säure ist die Zersetzung eine vollständige und die Lösung riecht stark nach Glykolsäureester. Bei der Zersetzung entwickelt sich neben dem Stickstoff und Stickoxyd kein Aethylnitrit, da der sich bildende Glykolsäureäthylester mit Wasser oder verdünnter Säure nicht sofort verseift wird. Beim Destilliren des neutralisirten Zersetzungsgemisches entfärbt das Destillat Bromwasser nicht. Beim Destilliren mit Kalium-

1) S. S. 50, Fussnote.

carbonat wurde eine geringe bei 78° siedende Menge Aethylalkohol erhalten. Da Glykolsäureäthylester sich unter diesen Bedingungen verseift, so muss gefolgert werden, dass derselbe bei der Zersetzung des Carbamats mit salpetriger Säure gebildet wird. Nimmt man weniger als die berechnete Menge salpetriger Säure und lässt die Lösung stehen, bis alle Säure zersetzt ist, so entfärbt die so erhaltene Lösung weder Bromwasser noch Kaliumpermanganat in verdünnter Schwefelsäurelösung.

Carbamat des Milchsäureäthylesters.

Mit diesem Carbamat wurden ähnliche Versuche wie die soeben beschriebenen angestellt. Dieselben ergaben keine Bildung einer ungegesättigten Verbindung. Eine Untersuchung der bei der Zersetzung gebildeten Gase zeigte, dass Stickstoff und Kohlensäure die einzigen gasförmigen Zersetzungsprodukte sind.

11. Ueber die Einwirkung von wässerigen Alkalien auf Chloroform.[1]

Geuther[2]) war der erste, der die Beobachtung machte, dass Chloroform durch Kalilauge zersetzt, neben Ameisensäure geringe Mengen Kohlenoxyd liefert: allein die Thatsache, dass verhältnissmässig beträchtliche Mengen Kohlenoxyd gebildet werden dadurch, dass Spuren von Chloroform mit einem Kohlensäurestrom in die in einem Azotometer enthaltene Kalilauge geleitet werden, veranlasste Versuche, welche ergaben, dass Chloroform bei der gewöhnlichen Temperatur der Luft durch wässerige Aetzalkalien, falls die letzteren mit demselben gesättigt gehalten werden, rasch zersetzt wird; dass das entweichende Gas reines Kohlenoxyd ist, und dass das Verhältniss des Kohlenoxyds zu der sich bildenden Ameisensäure ein um so grösseres ist, je niedriger die Temperatur ist, bei welcher die Zersetzung stattfindet. Sogar beim Kochen der Mischung werden grosse Mengen Kohlenoxyd entwickelt, was mit Palladiumchlorürpapier leicht nachzuweisen ist. Mittels einer geeigneten Vorrichtung kann das Gas am Ende eines Rohres gebrannt werden.

---

1) Vgl. die Zersetzung von Benzylcarbamat durch salpetrige Säure, S. 50.
2) Annalen 123, 121.

Man kann leicht 50 bis 100 ccm Kohlenoxyd erzielen, indem man einen Azotometer mit warmer 40 proc. Kalilauge füllt, einige Tropfen Chloroform hinzufügt und umschüttelt. Nachdem man das Kohlenoxyd zur Entfernung des Chloroformdampfes mit Wasser gewaschen hat, ist es vollkommen rein und wird von salzsaurem Kupferoxydul gänzlich aufgelöst.

Zur Ermittelung des bei verschiedenen Temperaturen in Kohlenoxyd umgewandelten Chloroformprocentsatzes wurde die von abgewogenen Mengen Chloroform gelieferte Ameisensäure bestimmt und das Kohlenoxyd durch Differenz genommen. Obgleich diese Methode eine indirecte ist, hat sie den Vorzug der leichten Ausführbarkeit.

Ungefähr 2 g Chloroform (von Alkohol befreit und getrocknet) wurden in einem 4 cm breiten, dickwandigen Probirrohr abgewogen, das einen Ueberschuss von verdünnter Natronlauge enthielt und mittels eines vollkommen luftdichten paraffinirten Korkes mit einem Rückflusskühler verbunden war. Letzterer diente dazu, den unvermeidlichen Verlust an Chloroform zu verringern, der dadurch verursacht wurde, dass letzteres von dem entweichenden Kohlenoxyd als Dampf mitgerissen wurde. Durch den Kühler ging der Stiel eines Witt'schen Centrifugalrührers, dessen Kugel in die Lösung im Rohr tauchte. Die Mischung wurde während des Versuches durch Einstellen in ein Wasserbad auf einer constanten Temperatur erhalten. Die Zersetzung begann, sobald man den Rührer in Bewegung setzte. Bei Temperaturen zwischen 25 und 40° erforderte die Reaction zum vollständigen Abschlusse 3 bis 4 Stunden. Nachdem die kleinen Chloroformtropfen in der Lösung nicht mehr sichtbar waren, wurde der Versuch noch eine Stunde fortgesetzt. Nach Verlauf dieser Zeit war die Reaction in der Regel beendigt, d. h. der Chloroformgeruch war verschwunden oder doch äusserst schwach geworden. Nun wurde die Lösung in ein Becherglas gegossen, mit Essigsäure neutralisirt und, wenn erforderlich, filtrirt. Nachdem man Natriumacetat und Quecksilberchlorid in genügender Menge zugesetzt hatte, wurde die Lösung in einem Wasserbad erwärmt, bis sich kein Quecksilberchlorür mehr niederschlug. Darauf wurde der Niederschlag auf einem getrockneten und gewogenen Filtrirpapier gesammelt und bei 100° bis zum Constantgewicht getrocknet.

Vier auf diese Weise ausgeführte Versuche lieferten die folgenden Resultate:

I 2,1320 g Chloroform, durch 20 g Aetznatron in 90 g Wasser bei 25° zersetzt, gaben 1,7807 g HgCl.

II 2,1575 g Chloroform, durch 20 g Aetznatron in 90 g Wasser bei 30 ° zersetzt, gaben 2,1325 g HgCl.

III 2,0590 g, durch 20 g Aetznatron in 90 g Wasser bei 40 ° zersetzt, gaben 3,0285 g HgCl.

IV 2,5855 g, durch 40 g Aetznatron in 70 g Wasser bei 40 ° zersetzt, gaben 3,9245 g HgCl.

V 5,8000 g wurden durch Kochen mit 61 g Aetznatron und 139 g Wasser in einer mit Rückflusskühler versehenen Flasche zersetzt, 15,1473 g HgCl wurden erhalten.

In Ameisensäure umgewandeltes Chloroform:	I	II	III	IV	V
	21,14	25,03	37,25	38,44	66,14 %

Wie im theoretischen Theil erwähnt, beweisen diese Resultate, dass die erste Einwirkung von Alkalien auf Chloroform in der Abspaltung von Salzsäure besteht. Das entstehende $=CCl_2$ wird dann seinerseits zersetzt und liefert Kohlenoxyd, das zum Theil mit dem Alkali zur Bildung von ameisensaurem Natrium bezw. Kalium sich vereinigt, zum Theil als Gas entweicht. Die Menge des mit dem Alkali sich vereinigenden Kohlenoxyds richtet sich nach der Temperatur und Stärke der Lösung.

Destillirt man Chloroform über festem Aetzkali, Natronkalk oder gelbem Quecksilberoxyd, so findet keine Zersetzung statt, indem sämmtliches Chloroform unverändert übergeht. Wird die Destillation in einem Kohlensäurestrom ausgeführt und der Apparat mit einem Kalilauge enthaltenden Azotometer in Verbindung gesetzt, so erhält man keine nennenswerthe Menge Kohlenoxyd.

Bekanntlich werden beim Kochen von Phenol mit Chloroform und wässerigen Alkalien o- und p-Oxybenzaldehyde gebildet. Diese Reaction findet auch bei gewöhnlicher Temperatur bei Anwendung des Rührers statt. Die Lösung muss jedoch verdünnt werden, da sich sonst das gebildete Phenat ausscheidet und die richtige Wirkung des Rührers verhindert. Obwohl sehr wenig Harz gebildet wird, sind die Ausbeuten geringer als die durch Kochen erzielten. Das Verhältniss von Salicylaldehyd zu p-Oxybenzaldehyd ist kein merklich verändertes. Natürlich erfordert das Verfahren verhältnissmässig viel Zeit bis zur Beendigung. Während der Reaction wird eine grosse Menge Kohlenoxyd entwickelt. Eines des günstigsten Resultate wurde bei 25 ° erzielt. 25 g Phenol wurden mit 37 g Chloroform und einem Ueberschuss von 40 proc. Natronlauge versetzt und die Mischung mit der Turbine verrührt. Nach 8½ Stunden wurden 5 g der Bisulfitverbindung des Salicylaldehyds und 1 g p-Oxybenzaldehyd erhalten.

Andere Versuche, die bei geringen Abweichungen der Temperatur und verschiedenen Stärken der Natronlauge angestellt wurden, lieferten ähnliche Resultate. Bei 10° werden nur Spuren der Aldehyde gebildet. Ein Zusatz von Methylalkohol vermehrt die Ausbeuten nicht merklich.

Aehnliche mit Guajacol unternommene Versuche lieferten weder bei 15° noch bei 30° eine Spur von Vanillin.

FSC
www.fsc.org
MIX
Papier | Fördert
gute Waldnutzung
FSC® C083411

Zeitfracht Medien GmbH
Ferdinand-Jühlke-Straße 7
99095 Erfurt, Deutschland
produktsicherheit@kolibri360.de